藝文叢刊

蔬食譜
山家清供
食憲鴻秘

〔宋〕陳達叟 等

浙江人民美術出版社

圖書在版編目（CIP）數據

蔬食譜　山家清供　食憲鴻秘 / （宋）陳達叟等著；韓雅慧點校. -- 杭州：浙江人民美術出版社，2016.10
（藝文叢刊）
ISBN 978-7-5340-5107-4

Ⅰ.①蔬… Ⅱ.①陳… ②韓… Ⅲ.①食譜－中國－古代 Ⅳ.①TS972.12

中國版本圖書館CIP數據核字(2016)第184512號

蔬食譜　山家清供　食憲鴻秘

〔宋〕陳達叟等 著　　韓雅慧 點校

責任編輯：霍西勝
整體設計：傅笛揚
責任印製：陳柏榮

出版發行　浙江人民美術出版社
　　　　　(杭州市體育場路347號)
網　　址　http://mss.zjcb.com
經　　銷　全國各地新華書店
製　　版　浙江時代出版服務有限公司
印　　刷　浙江海虹彩色印務有限公司
版　　次　2016年10月第1版・第1次印刷
開　　本　787mm×1092mm　1/32
印　　張　6.75
字　　數　105千字
書　　號　ISBN 978-7-5340-5107-4
定　　價　32.00元

點校説明

老子云：「治大國若烹小鮮。」孔子云：「心不在焉，視而不見，聽而不聞，食而不知其味。」往聖先賢多以飲食喻道。而俗語又云：「如人飲水，冷暖自知。」則芸芸衆生亦常藉飲食以明理。傳統飲食文化之源遠流長，由此可見一斑。本書收録古代飲食文化文獻三種，計《蔬食譜》《山家清供》及《食憲鴻秘》。

《蔬食譜》（又名《本心齋蔬食譜》），宋陳達叟撰。達叟，生平未詳。此書共收食品二十種，包括啜菽、羹菜、粉餈等五種糕點製品及玉延、瓊珠、雪藕等十五種蔬菜製品。其名稱皆頗爲風雅，而各品下所載十六字贊亦極具趣味性，是了解古代飲食文化的重要文獻。此次整理，以《學海類編》本爲底本，予以標點。

《山家清供》一卷（亦作二卷），宋林洪撰。林洪，字龍發，號可山，自稱爲名隱士林和靖七世孫，泉州人。著有《茶具圖贊》《山家清事》等。本書爲林氏記録其時膳食的專書，每種食品皆明其出典，并介紹原料、製作及服食方法等。本次點校，以

《説郛》所收本爲底本，校以《夷門廣牘》所收本。爲避免繁瑣，兩者相異處，擇其優長徑改之，不出校勘記。

《食憲鴻秘》二卷，舊題清朱彝尊撰，然據學者考證當爲乾隆間僞託之作。全書以原料所屬列類，分《食憲總論》《飲食宜忌》《飲之屬》《飯之屬》《卵之屬》《肉之屬》等，另附録《汪拂雲抄本》，共收載四百多種調料、飲料及菜餚。書中所收菜餚製法簡明實用，對於研究古代飲食文化及當下烹飪實踐皆有重要意義。此次整理，以清刊本爲底本，予以標點。

韓雅慧於安陽師範學院

二〇一六年八月

目録

蔬食譜

山家清供

蔬食譜

（宋）陳達叟 撰

蔬食譜

本心翁齋居宴坐，玩先天《易》，對博山爐，紙帳梅花，石鼎茶葉，自奉泊如也。客從方外來，竟日清言，各有飢色。呼山童供蔬饌，客嘗之，謂無人間煙火氣。問食譜，予口授二十品，每品贊十六字，與味道腴者共之。

啜菽 菽，豆也。今豆腐條切，淡煮，蘸以五味。

《禮》不云乎，啜菽飲水。素以絢兮，瀏其清矣。

羹菜 凡畦蔬，根、葉、花、實皆可羹也。

先聖齊如，菜羹瓜祭。移以奉賓，乃敬之至。

粉餈 粉米烝成，加糖曰飴。

天官籩人，糗餌粉餈。未見君子，惄如調飢。

薦　韭　春薦韭，一名鍾乳草。

四之日蚤，豳風祭韭。我思古人，如蘭其臭。

貽　來　來，小麥也。今水引蝴蝶麵。

貽我來思，玉屑塵細。六出飛花，天一生水。

玉　延　山藥也。炊熟，片切，漬以生蜜。

山有靈藥，録于仙方。削數片玉，漬百花香。

瓊　珠　圓眼，乾荔也。擘開取實，煮以清泉。

汲金井水，煮瓊珠羹。蚌胎的皪，龍目晶熒。

玉　磚　炊餅方切，椒鹽糝之。

截彼圓璧，琢成方磚。有馨斯椒，薄灑以鹽。

銀　虀　黃虀、白水、薑、椒和之。

泠泠水白，剪剪銀黃。虀鹽風味，牙齒宮商。

水　團

秫粉包糖，香湯浴之。

團團秫粉，點點蔗霜。浴以沉水，清甘且香。

玉　版

筍也。可羹可菹。

春風抽籜，冬雪挑鞭。淇奧公族，孤竹君孫。

雪　藕

蓮根也。生熟皆可薦籩。

中虛七竅，不染一塵。豈但爽口，自可觀心。

玉　酥

蘆菔也。作玉糝羹。

雪浮玉糝，月浸瑤池。咬得菜根，百事可爲。

炊　栗

烝開蜜漬。

周人以栗，亦可以贄。紫殼吹開，黄中通理。

煨　芋

煨香，片切。

朝三暮四，狙公何爲。却彼羊羔，啗吾蹲鴟。

采杞 狗杞也。可餌可羹。

丹實纍纍，綠苗菁菁。餌之羹之，心開目明。

甘薺 薺菜也。東坡有食薺法，且曰天生此物，爲幽人山居之福。

誰謂荼苦，其甘如薺。天生此物，爲山居賜。

菉粉 菉豆粉也。鋪薑爲羹。

碾破綠珠，撒成銀縷。熱躅金石，清徹肺腑。

紫芝 蕈也。木蕈爲良。

漆園之菌，商山之芝。濕生者腴，卉生者奇。

白粲 炊玉粒，沃以香湯。

釋之叟叟，烝之浮浮。有一簞食，吾復何求。

已上二十品，不必求備，得四之一，斯足矣。前五品出經典，列之前筵，尊經也。後十五品，有則具，無則止。或樽酒醻酢，暢叙幽情，但勿醺酣，恐俗此會。《詩》詠采蘋，禮嚴祭菜。澗溪沼沚之毛，可羞王公，可薦鬼神。以之待賓，誰曰不宜。第未免貽笑於公膳侯鯖之家。然不笑不足爲道，彼笑吾吾笑彼。客辭出門大笑，吾歸隱几亦一笑。手録畢，又自笑。目閱過，輒一笑。萬一此譜散在人間，世其傳笑，將無窮也。

山家清供

（宋）林洪　撰

山家清供

青精飯

青精飯，首以此，重穀也。按《本草》：「南燭木，今名黑飯草，又名旱蓮草，即青精也。」取枝葉擣汁，浸上白好粳米，不拘多少。候一二時，蒸飯曝乾，堅而碧色，收貯。如用時，先用滚水，量以米數，煮一滚即成飯矣。用水不可多，亦不可少。久服益顔延年。仙方又有青精石飯，世未知石爲何也。按《本草》：用赤石脂三斤、青粱米一斗，水浸，越三日，擣爲丸，如李大，日服三丸，可不飢。是知石即石脂也。二法皆有據，第以山居供客，則當用前法；如欲效子房辟穀，當用後法。讀杜詩，既曰「豈無青精飯，令我顔色好」，又曰「李侯金閨彦，脱身事幽討」，當時才名如杜李，可謂切於愛君憂國矣。夫乃不使之壯年以行其志，而使之俱有青精、瑶草之思，惜哉！

碧澗羹

芹，楚葵也，又名水英。有二種：荻芹取根，赤芹取葉與莖，俱可食。二月三月作英時采之，洗凈，入湯焯過，取出，以苦酒研芥子，入鹽少許，與茴香漬之，可作葅。惟瀹而羹之者，既清而馨，猶碧澗然，故杜甫有「香芹碧澗羹」之句。或者謂芹，微草也，杜甫何取焉而誦詠之不暇？不思野人持此，猶欲以獻於君者乎！

苜蓿盤

開元中，東宮官寮清淡，薛令之爲左庶子，以詩自悼曰：「朝日上團團，照見先生盤。盤中何所有，苜蓿長闌干。飯澀匙難滑，羹稀箸易寬。以此謀朝夕，何由保歲寒。」上幸東宮，因題其旁，有「若嫌松桂寒，任逐桑榆暖」之句。令之皇恐，謝病歸。每誦此詩，未知爲何物。偶同宋雪岩伯仁訪鄭埜鑰，見所種者，因得其種并法。其葉緑紫色，而莖長一作「實」或丈一作「尺」餘。採，用湯焯油炒，薑、鹽如意，羹、茹皆可。風味本不惡，令之何爲厭苦如此？東宮官僚，當極一時之選，而唐世諸賢見於篇什，皆爲左遷。令之寄興，恐不在此盤。賓僚之選，至起「食無魚」之歎上之，人乃諷以去，吁，薄矣！

考亭蔊

考亭先生每飲後，則以蔊菜供。蔊，一出於盱江，分於建陽；一生於嚴灘石上。公所供，蓋建陽種，集有《蔊詩》可考。山谷孫崿，以沙卧蔊，食其苗，云生臨汀者尤佳。

太守羹

梁蔡遵爲吴興守，不飲郡井，齋前自種白莧、紫茄，以爲常餌。世之醉醲飽鮮而怠於事者，視此得無愧乎！然茄、莧性皆凝冷，必加芼薑爲佳耳。

冰壺珍

太宗問蘇易簡曰："「食品稱珍，何者爲最？」對曰："「食無定味，適口者珍。臣心知齏汁美。」太宗笑問其故，曰："「臣一夕酷寒，擁爐燒酒，痛飲大醉，擁以重衾。忽醒，渴甚，乘月中庭，見殘雪中覆有齏盎。不暇呼童，掬雪盥手，滿飲數缶。臣此時自謂上界仙厨，鸞脯鳳脂，殆恐不及。屢欲作《冰壺先生傳》記其事，未暇也。」太宗笑而然之。後有問其方者，僕答曰：「用清麵菜湯浸以菜，止醉渴一味耳。或不然，請問之冰壺先生。」

藍田玉

《漢·地理志》：藍田出美玉。魏李預每羨古人餐玉之法，乃往藍田，果得美玉種七十枚，爲屑服餌，而不戒酒色。偶疾篤，謂妻子曰：「服玉必屏居山林，排棄嗜欲，當大有神效。而我酒色不絶，自致於死，非藥過也。」要之，長生之法，當能清心戒欲，雖不服玉，亦可矣。今法：用瓠一二枚，去皮毛，截作二寸方片，爛蒸以食之。不煩燒煉之功，但除一切煩惱妄想，久而自然神氣清爽，較之前法差勝矣。故名法製藍田玉。

豆粥

漢光武在蕪蔞亭時，得馮異奉豆粥，至久且不忘報，況山居可無此乎？用沙瓶爛煮赤豆，候粥少沸，投之同煮，既熟而食。東坡詩曰：「豈如江頭千頃雪色蘆，茅簷出没晨煙孤。地碓舂秔光似玉，沙鍋煮豆軟如酥。老我此身無著處，賣書來問東家住。臥聽雞鳴粥熟時，蓬頭曳履君家去。」此豆粥法也。若夫金谷之會，徒咄嗟以誇客，孰若山舍清談徜徉，以候其熟也。

蟠桃飯

採山桃，用米泔煮熟，漉寘水中，去核，候飯湧，同煮頃之，如奫飯法。東坡用石曼卿海州事詩云：「戲將核桃裹紅泥，石間散擲如風雨。坐令空山作錦繡，綺天照海光無數。」此種桃法也。桃三李四，能依此法，越三年，皆可飯矣。

寒具

晉桓玄喜陳書畫，客有食寒具不濯手而執書籍者，偶污之，後不設寒具。此必用油蜜者，《要術》并《食經》皆只曰環餅，世疑饊子也，或巧夕酥蜜食也。杜甫十月一日乃有「粔籹作人情」之句。《廣記》則於載寒食事中。三者俱可疑。及考朱氏注《楚詞》「粔籹蜜餌，有餦餭些」，謂以米麵煎熬作寒具是也。以是知《楚詞》一句，自是三品：粔籹乃蜜麵之乾者，十月開爐餅也；蜜餌乃蜜麵少潤者，七夕蜜食也；餦餭乃寒食寒具，無可疑者。閩人會姻名煎餔，以糯粉和麵，油煎，沃以糖，食之不濯手，則能污物，且可留月餘，宜禁煙用也。吾翁《和靖先生山中寒食》詩乃云：「方塘波静杜蘅青，布穀提壺已足聽。有客初嘗寒具罷，據梧慵復散幽經。」吾翁讀天下書，攻媿先生且服其和琉璃堂圖事，信乎此爲寒食具矣。

黄金雞

李白詩云：「堂上十分緑醑酒，杯中一味黄金雞。」其法：燖雞净，用麻油、鹽水煮，入葱、椒，候熟擘飣，以元汁别供。或薦以酒，則白酒初熟、黄雞正肥之樂得矣。有如新法川炒等製，非山家不屑爲，恐非真味也。或取人字爲有益，今益作人字雞，惡傷類也。每思茅容以雞奉母，而以蔬奉客，賢矣哉！《本草》云：雞小毒，補虚治滿。

槐葉淘

杜甫詩云：「青青高槐葉，采掇付中厨。新麵來近市，汁滓宛相俱。入鼎資過熟，加餐愁欲無。」即此見其法：於夏采槐葉之高秀者，湯少瀹，研細濾清，和麵作淘，乃以醯醬爲熟齏，簇細茵，以盤行之，取其碧鮮可愛也。末句云：「君王納涼晚，此味亦時須。」不惟見詩人一食未嘗忘君，且知貴爲君王，亦珍此山林之味。旨哉，詩乎！

地黄餺飥

崔元亮「海上方」，治心痛，去蟲積，取地黄大者，净洗擣汁，和細麪作餺飥，食之，出蟲尺許，即愈。貞元間，通事舍人崔杭女作淘食之，出蟲如蟆狀，自是心患除矣。《本草》：浮爲天黄，半沉爲人黄，惟沉者佳。宜用清汁，入鹽則不可食。或净洗細截，和米煮粥，良有益也。

梅花湯餅

泉之紫帽山有高人，嘗作此供。初浸白梅、檀香末水，和麪作餛飩皮，每一疊用五出鐵鑿如梅花樣者鑿取之，候煮熟，乃過於雞清汁内。每客止二百餘花，可想一食亦不忘梅。後留玉堂元剛有和詩：「恍如孤山下，飛玉浮西湖。」

椿根餛飩

劉禹錫煮樗根餛飩皮法：立秋前後，謂世多痢及腰痛，取香椿根一大握，擣篩，和麵撚餛飩，如皂莢子大，清水煮，日空腹服十枚，并無禁忌。山家晨有客至，先供之十數枚，不惟有益，亦可少延早食。椿實而香，樗疏而臭，惟椿根可也。

玉糝羹

東坡一夕與子由飲，酣甚，搥蘆菔爛煮，不用他料，只研白米爲糝，食之。忽投箸撫几曰：「若非天竺酥酡，人間決無此味。」

百合麵

春秋仲月，采百合根曝乾搗篩，和麵作湯餅，最益血氣。又蒸熟，可以佐酒。《歲時廣記》：二月種，法宜雞糞。《化書》：「山蚯化爲百合。」乃宜雞糞，豈物類之相感耶？

栝蔞粉

孫思邈法：深掘大根，厚削至白，寸切，水浸，一日一易，五日取出，搗之以辦，貯以絹囊，濾爲玉液，候其乾矣，可爲粉食。雜粳爲糜，翻匙雪色，加以乳酪，食之補益。又方：取實，酒炒微赤，腸風血下，可以愈疾。

素蒸鴨 又云盧懷謹事

鄭餘慶有親朋晨至，敕令家人曰：「爛蒸去毛，勿拗折項。」客意鵝鴨也。良久，乃蒸葫蘆一枚耳。今岳倦翁珂《書食品付庖者》詩云：「動指不須占染鼎，去毛切莫拗蒸壺。」岳，勳閥也，而知此味，異哉。

黄精果 附餅茹

仲春深採根，九蒸九曝，搗如飴，可作果食。又細切一石，水二石五升，煮去苦味，漉入絹袋壓汁，澄之，再煎如膏，以炒黑豆、黄米，作餅約二寸大。客至，可供二枚。又採苗，可爲菜茹。隋羊公服法：「芝草之精也，一名仙人餘糧。」其補益可知矣。

傍林鮮

夏初林筍盛時，掃葉就竹邊煨熟，其味甚鮮，名曰傍林鮮。文與可守臨川，正與家人煨筍午飯，忽得東坡書，詩云：「想見清貧饞太守，渭川千畝在胸中。」不覺噴飯滿案，想作此供也。大凡筍貴甘鮮，不當與肉爲友。今俗庖多雜以肉，不思纔有小人，便壞君子？「若對此君成大嚼，世間那有揚州鶴」，東坡之意微矣。

雕菰飯

雕菰葉似蘆，其米黑，杜甫故有「波翻菰米沉雲黑」之句，今胡穄是也。曝乾礱洗，造飯既香而滑。杜詩又云：「滑憶雕菰飯。」又會稽人顧翺，事母孝，母嗜雕菰飯，翺常自採擷。家瀕太湖，後湖中皆生雕菰，無餘草，此孝感也。世有厚於奉己薄於奉親者，視此寧無愧乎？嗚呼！孟筍王魚，豈偶然哉。

錦帶羹

錦帶又名文冠，花生如錦。葉始生，柔脆可羹，杜甫詩有「香聞錦帶羹」之句。或謂蓴之縈紆如帶，況蓴與菰同生水濱。昔張翰臨風，必思蓴鱸以下氣。按《本草》：蓴鱸同羹，可以下氣止嘔。以是知張翰當時意氣抑鬱，隨事嘔逆，故有此思耳，非蓴鱸而何。杜甫臥病江閣，恐同此意也。謂錦帶爲花，或未必然。僕居山時，因見有羹此花者，其味亦不惡。注謂吐錦雞，則遠矣。

煿金煮玉

筍取鮮嫩者，以料物和薄麵，拖油煎煿，如黄金色，甘脆可愛。舊游莫干，訪霍如菴正夫，延早供，以筍切作方片，和白米煮粥，佳甚。因戲之曰：「此法製惜精氣也。」濟顛《筍疏》云「拖油盤内煿黄金，和米鐺中煮白玉」，二句兼得之矣。霍，北司貴公也，乃甘山林之味，異哉！

土芝丹 小者土栗

芋之大者名土芝。大者裹以濕紙，用煮酒和糟塗其外，以糠皮火煨之，候香熟取出，安坳地内，去皮温食。冷則破血，用鹽則泄精。取其温補，名土芝丹。昔懶殘師正煨此牛糞火中，有召者，却之曰：「尚無情緒收寒涕，那得工夫伴俗人。」又居山人詩云：「深夜一爐火，渾家團圞坐。煨得芋頭熟，天子不如我。」其嗜好可知矣。小者曝乾入甕，候寒月，用稻草盦熟，色香如栗，名土栗。雅宜山舍擁爐之夜供。趙兩山汝塗詩云：「煮芋雲生鉢，燒茅雪上眉。」蓋得於所見，非苟作也。

柳葉韭　温無毒，歸心安五臟，又名藿。

杜詩「夜雨剪春韭」，世多誤爲剪之於畦，不知剪字極有理。蓋于煠時必先齊其本，如烹薤「圓齊玉箸頭」之意。乃以左手持其末，以其本豎湯内，少剪其末。棄其觸也，只煠其本，帶性投冷水中，出之，甚脆。然必竹刀截之。韭菜嫩者，用薑絲、醬油、滴醋拌食，能利小水，治淋閉。一方：採嫩柳葉少許同煠，尤佳，故曰「柳葉韭」。

松黄餅

暇日過大理寺訪秋岩陳評事介，留飲，出二童，歌淵明《歸去來辭》，以松黄餅供酒。陳方巾美髯，有超俗之標。飲邊味此，使人灑然起山林之興，覺駝峰、熊掌皆下風矣。春末松花黄和蜜模作餅，如雞舌、龍涎狀，不惟香味清甘，亦自有所益也。

酥瓊葉

宿蒸餅，薄切，塗以蜜，或以油，就火上炙，鋪紙地上散火氣，甚鬆脆，且止痰化食。楊誠齋詩云：「削成瓊葉片，嚼作雪花聲。」形容盡善矣。

鳬茨粉

鳬茨粉可作粉食，甘滑異於他粉。偶天台陳梅廬見惠，因得其法。鳬茨，《爾雅》一名芍。郭云：「生下田，似龍鬚而細，根如指頭而黑。」即荸薺也。採以曝乾，磨而澄濾之，如菉豆粉法。後讀劉一止《非有類稿》，有詩云：「南山有蹲鴟，春田多鳬茨。何必泌之水，可以療我饑。」信乎可以食矣。

簷蔔煎 又名瑞木煎

舊訪劉漫塘宰，留午酌，出此供，清芳極可愛。詢之，乃梔子花也。採大瓣者，以湯焯過，少乾，用甘草水和稀麵，拖油煎之，名簷蔔煎。杜詩云：「於身色有用，與道氣相和。」今既製之，清和之風備矣。

蒿蔞菜　蒿魚羹

舊客江西林谷梅山房子少魯，號谷梅山房書院，春時多食此。嫩莖去葉，湯焯，用油、鹽、苦酒沃之爲茹。或加以肉燥，香脆良可愛。後歸京師，春輒思之。偶與李竹埜制機伯恭鄰，以其江西人，因問之。李云：「《廣雅》名蒿蔞，生下田，江西用以羹魚。陸《疏》云：葉似艾，白色，可蒸爲茹。即《漢廣》『言刈其蔞』之『蔞』矣。山谷詩云：『蔞蒿數箸玉横簪。』」及證以詩注，果然。李乃怡軒之子，嘗從西山問宏詞法，多識草木，宜矣。

玉灌肺

真粉、油餅、芝麻、松子、胡桃、蒔蘿，白糖、紅麯少許爲末，拌和，入甑蒸熟，切作肺樣塊，用辣汁供。今後苑名曰「御愛玉灌肺」。要之，不過一素供耳。然以此見九重崇儉不嗜殺之意，居山者豈宜侈乎！

元修菜

東坡有巢故人《元修菜》詩，每讀「豆莢圓而小，槐芽細而豐」之句，未嘗不冥搜畦壟間，必求其是。時詢諸老圃，亦罕能道者。一日，永嘉鄭文干歸自蜀，過梅邊，首叩之，答曰：「蠶豆，即豌豆也，蜀人謂之巢菜。苗葉嫩時可採以爲茹。擇洗，用真麻油熱炒，乃下鹽豉煮之。春盡苗葉老，則不可食。坡所謂『點酒下鹽豉，縷橙芼薑蔥』者，正庖法也。」君子恥一物不知，必游歷久遠，而後見聞博。讀坡詩二十年，一日得之，喜可知也。

紫英菊

菊名治蘠，《本草》名節花，陶注云：「菊有二種，莖紫，氣香而味甘，其葉乃可羹；莖青而大，氣似蒿而苦若薏苡，非也。」今法：春採苗葉，洗灼，用油略炒，煮熟，下薑、鹽羹之，可清心明目；加枸杞葉，尤妙。天隨子《杞菊賦》云：「爾杞未棘，爾菊未莎，其如予何。」《本草》：「杞葉似榴而軟者，能輕身益氣。其子圓而有刺者，名枸棘，不可用。杞、菊，微物也，有少差，尤不可用，然則君子小人，豈容不辨哉！」

銀絲供

張約齋鎡，性喜延山林湖海之士。一日，午酌數杯後，命左右作銀絲供，且戒之曰：「調和教好，又要有真味。」衆客謂必膾也。良久，出琴一張，請琴師彈《離騷》一曲，衆始知銀絲乃琴弦也。調和教好，調弦也；要有真味，蓋取淵明琴書中有真味之意也。張，中興勳家也，而能知此真味，賢矣哉！

進賢菜　蒼耳飯

蒼耳，枲耳也。江東名常枲，幽州名爵耳，形如鼠耳。陸機《疏》云：葉青白色，似胡荽，白華細莖，蔓生。採嫩葉洗焯，以薑、鹽、苦酒拌爲茹，可療風。杜詩云：「卷耳況療風，童兒且時摘。」《詩》之《卷耳》，首章云：「嗟我懷人，置彼周行。」酒醴，婦人之職，臣下之勤勞，君必勞之。因採此而有所感，念及酒醴之用，以此見古者后妃，欲以進賢之道諷其君，因名「進賢菜」。張氏詩曰：「閨閫誠難與國防，默嗟徒御困高岡。觥罍欲解痛瘏恨，充耳元因備酒漿。」其子可雜米粉爲糗，故古詩有「碧澗水淘蒼耳飯」之句云。

山海羹

春採筍、蕨之嫩者，以湯瀹之，取魚蝦之鮮者，同切作塊子，用湯泡裹蒸熟，入醬油、麻、鹽，研胡椒拌和，以粉皮盛覆，各合於二盞内蒸熟。今後苑多進此，名「蝦魚筍蕨羹」。今以所出不同，而得同於俎豆間，亦良遇也。名「山海羹」，或只羹以筍、蕨，亦佳。許梅屋棐詩云：「趁得山家筍蕨春，借厨烹煮自燃薪。倩誰分我杯羹去，寄與中朝食肉人。」

撥霞供

向游武夷六曲訪止止師，遇雪天，得一兔，無庖人可製。師云：「山間只用薄批、酒醬、椒料沃之，以風爐安坐上，用水少半銚，候湯響，一杯後各分以筯，令自夾入湯擺熟，啖之。乃隨宜各以汁供。」因用其法，不獨易行，且有團圞熱暖之樂。越五六年，來京師，乃復于楊泳齋伯岩席上見此，恍然去武夷如隔一世。楊，勳家，嗜古學而清苦者，宜此山林之趣。因作詩云：「浪湧晴江雪，風翻晚照霞。」末云：「醉憶山中味，渾忘是貴家。」豬羊皆可作。《本草》云：「兔肉補中益氣，不可同雞食。」

驪塘羹 又名東坡羹

曩客於驪塘書院，每食後，必出菜湯，清白極可愛，飯後得之，醍醐、甘露未易及此。詢庖者，止用菜與蘆菔，細切，以井水煮之，爛爲度，初無他法。後讀東坡詩，亦只用蔓菁、蘿菔而已。詩云：「誰知南嶽老，解作東坡羹。中有蘆菔根，尚含曉露清。勿語貴公子，從渠醉羶腥。」以此可想二公之嗜好矣。今江西多用此法者。

真湯餅

翁瓜圃訪凝遠居士，話間，命僕：「作真湯餅來。」翁訝曰：「天下安有假湯餅？」及見，乃沸湯泡油餅，一人一杯耳。翁曰：「如此則湯泡飯，亦得名『真泡飯』乎？」居士曰：「稼穡作甘，苟無勝食氣者，則真矣。」

沆瀣漿

雪夜，張一齋飲客。酒酣，簿書何君時峰出沆瀣漿一瓢，與客分飲，不覺酒容爲之灑然。客問其法，謂得于禁苑，止用甘蔗、蘿菔，各切作方塊，以水爛煮而已。蓋蔗能化酒，蘿菔能化食也。酒後得此，其益可知矣。《楚辭》有蔗漿，恐即此也。

神仙富貴餅

煮用淡石灰水，必切做片子

白朮用切片子，同石菖蒲煮一沸，曝乾爲末，各四兩。乾山藥爲末三斤，白麵三斤，白蜜煉過三斤，和作餅，曝乾收。候客至，蒸食條切。亦可羹。章簡公詩云：「朮薦神仙餅，菖蒲富貴花。」

香橼杯

謝益齋奕禮不嗜酒，嘗有「不飲但能看醉客」之句。一日書餘琴罷，命左右剖香橼作二杯，刻以花，温上所賜酒以勸客。清芬靄然，使人覺金樽玉斝皆埃壒之矣。香橼似瓜而黄，閩南一果耳。而得備京華鼎貴之清供，可謂得所矣。

蟹釀橙

橙用黄熟大者截頂，剜去穰，留少液，以蟹膏肉實其内，仍以帶枝頂覆之，入小甑，用酒、醋、水蒸熟，加苦酒入鹽，供，既香而鮮，使人有新酒菊花、香橙螃蟹之興。因記危巽齋稹贊蟹云：「黄中通理，美在其中；暢於四肢，美之至也。」此本諸《易》，而於蟹得之矣，今於橙蟹又得之矣。

蓮房魚包 漁父三鮮，蓮藕羹湯瀣也

將蓮花中嫩房去鬚，截底剜穰，留其孔，以酒、醬、香料和魚塊實其内，仍以底坐甑内蒸熟；或中外塗以蜜，出碟，用漁父三鮮供之。三鮮，蓮、菊、菱湯虀也。向在李春坊席上曾受此供，得詩云：「錦瓣金蓑織幾重，問魚何事得相容。湧身既入蓮房去，好度華池獨化龍。」李大喜，送端研一枚、龍墨五笏。

玉帶羹

春坊趙蓴湖璧會客，弟竹潭雍亦在焉，論詩把酒，及夜無可供者。湖曰：「吾有鏡湖之蓴。」潭曰：「雍有稽山之筍。」僕笑曰：「可有一杯羹矣。」乃命庖作「玉帶羹」，以筍似玉、蓴似帶也。是夜甚適。今猶喜其清高而愛客也。每讀忠簡公「躍馬食肉付公等，浮家泛宅真吾徒」之句，有此兒孫宜矣。

酒煮菜

鄱江士友命飲，供以「酒煮菜」。非菜也，純以酒煮鯽魚也。且云：「鯽，稷所化，以酒煮之，甚有益。」以魚名菜，私竊疑之，及觀趙與時《賓退録》所載，靖州風俗，居喪不食肉，惟以魚爲蔬，湖北謂之魚菜。杜陵《白小》詩云：「細微沾水族，風族當園蔬。」始信魚即菜也。趙，好古博雅君子也，宜乎先得其詳矣。

蜜漬梅花

楊誠齋詩云：「甕澄雪水釀春寒，蜜點梅花帶露餐。句裏略無煙火氣，更教誰上少陵壇。」剥白梅肉少許，浸雪水，以梅花醞釀之，露一宿取出，蜜漬之，可薦酒。較之敲雪煎茶，風味不殊也。

持螯供 有風蟲，不可同柿食

蟹生於江者黄而腥，生於湖者紺而馨，生於溪者蒼而清。越淮多趨京，故或枵而不盈。辛卯，有錢君謙齋震祖、惟研存復，歸於吴門。秋，偶遇之，把酒論文，猶不減乎昨之勤也。留旬餘，每旦市蟹，必取其圓臍，烹以酒、醋，雜以葱、芹，仰之以臍，少候其凝，人各舉一，痛飲大嚼，何異乎拍浮於湖海之濱。庸庖俗飣，非不曰美味，恐失此真物風韻，但以橙、醋，自足以發揮其所藴也。且曰：「團臍膏，尖臍螯。秋風高，團者豪。請舉手，不必刀。羹以蒿，尤可饕。」因舉山谷詩云：「一腹金相玉質，兩螯明月秋江。」真可謂詩中之騷。舉以手，不必刀，尤見錢君之豪也。或曰：「蟹所惡，惟朝霧。實築筐，噀以醋。雖千里，無所誤。因筆之，爲蟹助。」

湯綻梅

十月後，用竹刀取欲開梅蕊，上下蘸以蠟，投蜜罐中。夏月，以熱湯就盞泡之，花即綻，澄香可愛也。

通神餅

薑薄切，葱細切，各以鹽湯焯，和稀麵，宜以少國老甘草也細末和入麵，庶不太辣。入淺油炸，能已寒。朱氏《論語注》云「薑，通神明」，故名之。

金餅

危巽齋云：「梅以白爲正，菊以黄爲正，過此恐淵明、和靖二公不取。」今世有七十二種菊，正如《本草》所謂今無真牡丹，不可煎者。其法：採紫莖黄色正菊英，以甘草湯和鹽少許焯過，候粟飯少熟，投之同煮。久食，可以明目延齡，苟得南陽甘谷水煎之，尤佳也。昔之愛菊者，莫如楚屈平、晋陶潛，然孰知今之愛者，有劉石澗元茂焉？雖一行一坐，未嘗不在於菊也。《翻帙得菊葉》詩云：「何年霜後黄花葉，色蠹猶存萬卷書。曾是往來籬下讀，一枝閑弄被風吹。」觀此詩，不惟知其愛菊，其爲人清介一作情分可知矣。

石子羹

溪流清處取小石子，或帶蘚者，一二十枚，汲泉煮之，味甘於螺，隱然有泉石之氣。此法得之吴季高，且曰：「固非通霄煮食之石，然其意則甚清矣。」

梅粥

掃落梅英净洗，用雪水煮白粥，候熟，入英同煮。楊誠齋詩云：「纔看臘梅得春饒，愁見風前作雪飄。脱蕊收將熬粥吃，落英仍好當香燒。」

山家三脆

嫩筍、小蕈、枸杞菜，油炒作羹，加胡椒尤佳。趙竹溪密夫酷嗜此，或作湯餅以奉親，名「三脆面」。嘗有詩云：「筍蕈初萌杞葉纖，燃松自煮供親嚴。人間肉食何曾鄙，自是山林滋味甜。」蕈亦名菰。

玉井飯

章雪齋鑒宰德清時，雖槐古馬高，尤喜延客，然飯食多不取諸市，恐旁緣而擾人。

一日，往訪之，適有蝗不入境之處，留以晚酌數杯，命左右造玉井飯，甚香美。法：削嫩白藕截作塊，採新蓮子去皮心，候飯少沸，投之，如盦飯法。蓋取「太華峰頭玉井蓮，開花十丈藕如船」之句。昔有藕詩云：「一彎西子臂，九竅比干心。」今杭都范堰經進斗星藕，大孔七、小孔二，果有九竅，因筆及之。

洞庭饐

舊游東嘉時，在水心先生席上，適净居僧送饐至，如小錢大，各和橘葉，清香靄然，如在洞庭左右。先生詩曰：「不待滿林霜後熟，蒸來便作洞庭香。」因詢寺僧，曰：「採蓬蓬與橘葉擣汁，加蜜和米粉作饐，合以葉蒸之。」市亦有賣，特差大耳。

荼蘼粥 附木香葉

舊辱趙東岩子岩雲瓚夫寄詩，中有一詩云：「好春虛度三之一，滿架荼蘼取次開。有客相看無可設，數枝帶雨剪將來。」始疑荼蘼非可食者，一日適靈鷲，訪僧蘋洲德修，留午粥，甚香美，詢之，乃荼蘼花也。其法：取花片，用甘草湯焯，候粥熟同煮。又採木香嫩葉，就元湯焯，以薑、油、鹽拌爲菜茹。僧苦嗜吟，宜乎知此味之清切，且知岩雲之詩不誣也。

蓬糕 候飯沸，以蓬拌面煮，名蓬飯

採白蓬嫩者熟煮細搗，和米粉蒸熟，以香爲度。世之貴介子弟，但知鹿茸、鍾乳爲重，而不知食此實大有補益，詎可以山食而鄙之哉！閩中有草稗。又飯法：候飯沸，以蓬拌麵煮，名蓬飯。

櫻桃煎 用蜜則解毒

櫻桃經雨，則蟲自内生，人莫之見。用水一碗浸之，良久，其蟲皆蟄蟄而出，乃可食之。楊誠齋詩云：「何人弄好手，萬顆搗虚脆。印成花鈿薄，染作冰澌翠。北果非不多，此味良獨美。」要之，其法不過煮以梅水，去核搗印爲餅，而加以蜜耳。

如薺菜

劉彝學士宴集間，必欲主人設苦蕒。狄武襄公青帥邊時，邊郡難以時置。一日宴集，彝與韓魏公對坐，偶此菜不設，謾駡狄公至黥卒。狄聲色不動，仍以先生呼之，魏公知狄公真將相器也。《詩》云：「誰謂荼苦。」劉可謂甘之如薺者。其法：用鹽、醬獨拌生菜，然苦羹則加薑、鹽而已。《禮記》「苦菜秀」是也。《本草》：一名荼，安心益氣。隱居作屑飲，可不寐。今交、廣多種也。

蘿菔麵

王醫師承宣，常擣蘿菔汁溲麵作餅，謂能去麵毒。《本草》：地黃與蘿菔同食，能白人髮。水心先生酷嗜蘿菔，甚於服玉，謂誠齋云：「蘿菔便是辣底玉。」僕與靖逸葉賢良紹翁過從二十年，每飲適必索蘿菔，與皮生啖，乃快所欲。靖逸平生讀書不減水心，而所嗜略同。或曰能通心氣，故文人嗜之。然靖逸未老而髮已皤，豈地黃之過歟？

麥門冬煎

春秋採根去心，擣汁和蜜，以銀器重湯煮，急攪如飴爲度，貯之瓷器，溫酒化服，滋益多矣。

假煎肉

瓠與麩薄批，各和以料，煎麩以油，煎瓠以脂，乃熬蔥油，入酒共炒，瓠與麩熟，不惟如肉，其味亦無辨者。吴何鑄宴客，或出此。吴貴爲后家，而喜與山林友朋，嗜此清味，賢哉！嘗作小青錦屏風，烏木瓶簪古梅，枝綴像生梅數花，置坐左右，未嘗忘梅。一夕，分題賦詞，有孫貴蕃、施游心，僕亦在焉。僕得心字《戀繡衾》，即席云：「冰肌生怕雪來禁，翠屏前、短瓶滿簪。真個是、疏枝瘦，認花兒、不要浪吟。等閒蜂蝶都休惹，暗香來時借水沉。既得個、厮偎伴，任風霜、儘自放心。」諸公差勝，今忘其詞。每到，必先酌以巨觥，名曰「發符酒」，而後觴詠，抵夜而去。今喜其子侄皆克肖，故及之。

橙玉生

雪梨大者去皮核，切如骰子大。後用大黄熟香橙，去核搗爛，加鹽少許，同醋、醬拌匀供。葛天民《嘗北梨》詩云：「每到年頭感物華，新棠梨到野人家。甘酸猶帶中原味，腸斷春風不見花。」雖非詠梨，然每愛其寓物有《黍離》之歎，故及之。如詠雪梨，則無如張斗埜蘊「蔽身三寸褐，貯腹一團冰」之句。被褐懷玉者，蓋有取焉。

玉延索餅

山藥名薯蕷，秦楚間名玉延。花白細如棗，葉青，鋭於牽牛。夏月，溉以黄牛糞則蕃。春冬採根，白者爲上，以水浸之，入礬少許，經宿，浄洗去涎，焙乾磨篩爲麵，宜作湯餅用。如作索餅，則熟研，濾爲粉，入竹筒中，溜於淺醋盆内，出之，於水浸去醋味，如煮湯餅法。如煮食，惟刮去皮，蘸鹽、蜜皆可。其性温，無毒，且有補益。故陳簡齋有《玉延賦》，取色、香、味以爲三絶。陸放翁亦有詩云：「久緣多病疏雲液，近爲長齋進玉延。」比於杭都多見如掌者，名「佛手藥」，其味尤佳也。

大耐糕

向杭雲公充夏日命飲，作大耐糕，意必粉麵爲之。及出，乃用大柰子生者，去皮剜核，以白梅、甘草湯焯，用蜜和松子、欖仁填之，入小甑蒸熟，謂柰糕也。非熟則損脾。且取先公「大耐官職」之意，以此見向有意於文簡之衣缽也。夫天下之士，苟知耐之一字，以節義自守，豈事業之不遠到哉！因賦之曰：「既知大耐爲家學，看取清名自此高。」《雲谷類編》乃謂大耐本李沆事，或恐未然。

鴛鴦炙

蜀有雞，嗉中藏綬如錦，遇晴則向陽擺之，出二角寸許。李文饒詩：「葳蕤散綬輕風裏，若仰若垂何可擬。」王安石詩：「天日清明聊一吐，兒童初見互驚猜。」生而反哺，亦名孝雉。雖杜甫有「香聞錦帶羹」之句，而未嘗食。向游吳之虞江，留錢春塘名選字舜舉家，持螯把酒，適有人攜雙鴛至，得之，燖以油爁，下酒、醬、香料燠熟，飲餘吟倦，得此甚適。詩云：「盤中一箸休嫌瘦，入骨相思定不肥。」不減錦帶矣。靜言思之，吐綬鴛鴦，雖各以文彩烹，然吐綬能反哺，烹之忍哉？雉不可用胡桃、木耳蕈，食下血。

筍蕨餛飩

采筍、蕨嫩者，各用湯瀹，炒以油，和之酒、醬、香料，作餛飩供。向者客江西林谷梅少魯家，屢作此品。後坐古香亭，采芎、菊苗薦茶，對玉茗花，真佳適也。玉茗似茶少異，高約五尺許，今獨林氏有之。林乃金石臺山房之子，清可思矣。

雪霞羹

采芙蓉花，去心、蒂，湯瀹之，同豆腐煮，紅白交錯，恍如雪霽之霞，名「雪霞羹」。加胡椒、薑亦可也。

鵝黄豆生

温陵人前中元數日，以水浸黑豆，曝之及芽，以糠皮置盆内，鋪沙植豆，用板壓，及長，則覆以桶，曉則曬之，欲其齊而不爲風日侵也。中元則陳於祖宗之前，越三日出之，洗焯，漬以油、鹽、苦酒、香料，可爲茹。卷以麻餅，尤佳。色淺黄，名「鵝黄豆生」。僕游江淮二十秋，每因此一起松楸之念，將賦歸來，以償此一大願也。

真君粥

杏實去核，候粥熟同煮，可謂「真君粥」。向游廬山，聞董真君未仙時多種杏，歲稔則以杏易穀，歲歉則以穀賤糶，時得活者甚衆，後白日昇仙。世有詩云：「争似蓮花峰下客，種成紅杏亦昇仙。」豈必專於煉丹服氣？苟有功德於人，雖未死而名以仙矣。因名之。

酥黄獨 并去聲

雪夜芋正熟，有仇芋田從簡載酒來扣門，就供之，乃曰：「煮芋有數法，獨酥黄世罕得之。」熟芋截片，研榧子、杏仁，和醬拖麵煎之，且自侈，以爲甚妙。詩云：「雪翻夜缽截成玉，春化寒酥剪作金。」

滿山香

陳習庵塤《學圃》詩云：「只教人種菜，莫誤客看花。」可謂重本而知山林味矣。僕春日渡湖，訪薛獨庵遂大，留飲，供以春盤。偶得詩云：「教童收取春盤去，城市如今菜色多。」非薄菜也，以其有所感而不忍下箸也。薛曰：「昔人贊菜，有云『可使士大夫知此味，不可使斯民有此色』，詩與文雖不同，而憂時之意則無以異。」一日，煮蕓油菜根羹，自以爲佳品。偶鄭渭濱師吕至，供之，乃曰：「余有一方爲獻，只用茴香、薑、椒，炒爲末，貯以葫蘆，候煮菜少沸，乃與熟油、醬同下，急覆之，而滿山已香矣。」試之果然，名「滿山香」。比聞湯將軍孝信嗜盦菜，不用水，只以油炒，候得汁出，和以醬料盦熟，自謂香品過於禁臠。湯，武士也，而不嗜殺，異哉！

酒煮玉蕈 炙，煎也。

鮮蕈净洗，約水煮少熟，乃以好酒煮，或佐以臨漳緑竹筍，尤佳。施芸隱樞《玉蕈》詩云：「幸從腐木出，敢被齒牙私。信有山林味，難教世俗知。香痕浮玉葉，生意滿瓊枝。饕腹何多幸，相酬獨有詩。」今後苑多用酥炙，其風味尤不淺也。

鴨脚羹

葵似今蜀葵，叢短而葉大，以傾陽，故性温。其法與羹菜同，《豳風·七月》所烹者是也。刈之不傷其根，則復生。古詩故有「采葵莫傷根，傷根葵不生」之句。昔公儀休相魯，其妻植葵，見而拔之，曰：「食君之禄，而與民争利，可乎？」今之賣餅貨醬、質錢市藥，皆食禄者，又不止植葵，小民豈可活哉！白居易詩云：「禄米獐牙稻，園蔬鴨脚羹」，因名。

石榴粉 銀絲羹附

藕截細塊，砂器内擦稍圓，用梅水同胭脂染色，調菉豆粉拌之，入清水煮供，宛如石榴子狀。又用熟筍細絲，亦和以粉煮，名「銀絲羹」。此二法恐相因而成之者，故併存之。

廣寒糕

采桂英，去青蒂，灑以甘草水，和米舂粉炊作糕，大比歲，士友咸作餅子相饋，取「廣寒高甲」之讖。又有采花略蒸，暴乾作香者，吟邊酒裏，以古鼎燃之，尤有清意。童用瑶師禹詩云：「膽瓶清韻撩詩興，古鼎餘暈膩酒香」，可謂得此花之趣也。

河樞粥

《禮記》：「魚乾曰薨。」古詩有「酌醴焚枯魚」之句，南人謂之鮝魚，多煨食，罕有造粥者。比遊天台山，有取乾魚浸洗細截，同米煮，入醬料，加胡椒，言能愈頭風，過於陳琳之檄。亦有雜豆腐爲之者。《雞肋集》云：「武夷君食河樞脯，乾魚也。」因名之。

鬆　玉

文惠太子問周顒曰：「何菜爲最？」顒曰：「春初早韭，秋末晚菘。」然菘有三種，惟白於玉者甚鬆脆，如色稍青者，絶無風味，因名其白者曰「松玉」，亦欲世之食者有所決擇也。

雷公栗

夜爐書倦，每欲煨栗，必慮其燒氈之患。一日馬北廛逢辰曰：「只用一栗蘸油，一栗蘸水，置鐵銚內，以四十七栗密覆其上，用炭火燃之，候雷聲爲度。」偶一日同飲，試之果然，且勝於砂炒者，雖不及數，亦可矣。

東坡豆腐

豆腐，葱油炒，用酒研小榧子一二十枚，和醬料同煮。又方純以酒煮。俱有益也。

碧筒酒

暑月，命客棹舟蓮蕩中，先以酒入荷葉束之，又包魚酢他葉内。俟舟回，風熏日熾，酒香魚熟，各取酒及酢作供，真佳適也。坡云：「碧筒時作象鼻彎，白酒微帶荷心苦。」坡守杭時，想屢作此供也。

罌乳魚 甘平無毒

罌中粟浄洗磨乳，先以小粉置缸底，用絹囊濾乳下之，去清入釜，稍沸，亟灑淡醋收聚，仍入囊，壓成塊，以小粉皮鋪甑内，下乳蒸熟，略以紅麴水灑，又少蒸取出，切作魚片，名「罌乳魚」。

勝肉餅 玉蕈、潭筍尤佳。

焯筍、蕈同截，入松子、胡桃，和以酒、醬、香料，溲麵作餅子。試蕈之法，薑數片同煮，色不變，可食矣。

木魚子

坡詩云：「贈君木魚三百尾，中有鵝黄木魚子。」春時剥椶魚蒸熟，與筍同法，蜜煮醋浸，可致千里。蜀人供物多用之。

自愛淘 食後須下熟麵湯一杯

炒葱油，用純滴酣和糖、醬作齏，或加以豆腐及乳，候麵熟，過水作茵供食，真一補藥也。

忘憂齏

嵇康云：「合歡蠲忿，萱草忘憂。」崔豹《古今注》則曰：「丹棘，又名鹿葱。」春采苗，湯瀹，以醯、醬作爲齏，或燥以肉。何處順宰六合時多食此，毋乃以邊事未寧，而憂未忘耶？因贊之曰：「春日載陽，采萱於堂。天下樂兮，其憂乃忘。」

脆琅玕

萵苣去葉皮，寸切，瀹以沸湯，搗薑、鹽、糖、熟油、醋拌漬之，頗甘脆。杜甫種此，二旬不甲拆，且歎君子晚得微禄，坎軻不進，猶芝蘭困荆杞。以是知詩人非爲口腹之奉，實有感而作也。

炙獐

獐，《本草》：秋後其味勝羊。道家羞爲白脯，其骨可爲獐骨酒。今作大臠，用鹽、酒、香料淹少頃，取羊漫脂包裹，猛火炙熟，去脂，食其肉。鹿、麂同法。

當團參 北人名鵲豆

白扁豆，温，無毒，和中下氣。爛炊，其味甘。今取葛天民「爛炊白扁豆，便當紫團參」之句名之。

梅花脯

山栗、橄欖，薄切同食，有梅花風韻，因名「梅花脯」。

牛尾狸

狸，《本草》云：斑如虎者最佳，如貓者次之。肉主療痔病。法：去皮并腸肺，用紙揩净，以清酒净洗，入椒、葱、茴、蘿於其内，縫密蒸熟，去料物，壓隔宿，薄切如玉。雪天爐畔，論詩把酒，真奇物也。故東坡有「雪天牛尾」之詠。或紙裹糟一宿，尤佳。楊誠齋詩云：「狐公韻勝冰玉肌，字則未聞名季狸。誤隨齊相燧牛尾，策勳封作糟丘子。」南人或以爲獪，形如黄狗鼻尖而尾大者，狐也。其性亦温，可去風補勞。臘月取膽，凡暴亡者，以温水調灌之即愈。

金玉羹

山藥與栗各片截，以羊汁加料煮，名「金玉羹」。

山煮羊

羊作臠，置砂鍋内，除蔥、椒外，有一秘法，只用槌真杏仁數枚，活火煮之，至骨亦糜爛。每惜此法不逢漢時，一關内侯何足道哉！

牛蒡脯

孟冬後采根，净洗去皮煮，毋令失之過，槌扁壓乾，以鹽、醬、茴、蘿、薑、椒、熟油諸料研細，浥一兩宿，焙乾食之，如肉脯之味。筍與蓮脯，皆同此法。

牡丹生菜

憲聖喜清儉，不嗜殺，每令後苑進生菜，必采牡丹片和之，或用微麵裹，煠之以酥。又時收楊花爲鞋襪氈褥之用。恠恭僖，每治生菜，必于梅下取落花以雜之，其香又可知矣。

不寒齏

法用極清麵湯，截菘菜和薑、椒、茴、蘿，欲亟熟，則以一杯元齏和之，又入梅英一掬，名「梅花齏」。

醒酒菜

米泔浸璚芝菜，暴以日，頻攪候白，净洗搗爛，熟煮取出，投梅花十數片，候凍，芼薑橙爲芝齏供。

豆黄羹

豆麵細茵，曝乾藏之，入醬清芥、鹽菜心同煮爲佳。第此二品，獨泉有之。如止用他菜及醬汁亦可，惟欠風韻耳。

菊苗煎

春遊西馬塍，會張將使、元耕軒留飲，命子芝菊田賦詩，作墨蘭，元甚喜，數杯後，出菊煎法：采菊苗，湯瀹，用甘草水調山藥粉，煎之以油，爽然有楚畹之風。張，深於藥者，亦謂「菊以紫莖爲正」云。

胡麻酒

舊聞有胡麻飯，未聞有胡麻酒。盛夏，張整齋損招飲竹閣，正午，各飲一巨觥，清風颯然，絶無暑氣。其法：漬麻子二升，略炒，加生薑二兩，生龍腦葉一把，同入砂器細研，投以煮，醞五升，濾渣去，水浸飲之，大有所益。因賦之曰：「何須更覓胡麻飯，六月清涼却是仙。」《本草》名巨勝，云桃源所有胡麻，即此物也。恐虚誕者自異其説云。

茶供

茶即藥也，煎服則去滯而化食，以湯點之，則反滯膈而損脾胃。蓋世之嗜利者，多采他葉雜以爲末，人多怠於煎煮，宜有害也。今法：采芽，或用擘碎，以活水火煎之，飯後必少頃乃服。東坡詩云「活水須將活火烹」，又云「飯後茶甌味正深」，此煎服法也。《茶經》亦以「江水爲上，山泉與井俱次之。」今世不惟不擇水，且入鹽及果，殊失正味。不知惟薑去昏，惟梅去倦，如不昏不倦，亦何必用？古之嗜茶者，無如玉川子，惟聞煎吃，如以湯點，則又安能及七碗乎？山谷詞云：「湯響松風，早減了、七分酒病。」倘知此，則「口不能言，心下快樂自省」之禪參透矣。

新豐酒法

初用麵一斗、糖醋三升、水二擔，煎漿及沸，投以麻油、川椒、葱白，候熟，浸米一石，越三日，蒸飯熟，乃以元漿煎强半，及沸去沫，又投以川椒及油，候熟，注缸面，入斗許飯及麵末十升、酵半升，既撓，以元飯貯别缸，却以元酵飯同下，入水二擔、麵二十斤，熟踏覆之。既攪以木，越三日止，四五日可熟，夏月約三二日可熟。其初餘漿，又加以水浸米，每值酒熟，則取酵以相接續，不必灰麴，只磨木香皮，用清水溲作餅，令堅如石，初無他藥。僕嘗以危巽齋子駿之新豐，故知其詳。危君此時常禁竊酵，以專所釀；戒懷生粒，以全所釀；且給新屨，以潔所釀；透風，以通所釀，故所釀日佳而利不虧。是以知一酒政之微，危亦究心矣。昔人《丹陽道中》詩云：「乍入新豐市，猶聞舊酒香。抱琴沽一醉，終日臥斜陽。」正其地也。沛中自有舊豐，馬周獨酌之地，乃長安效新豐也。

附録

馬虎

截大竹整節，以製便壺，半邊微削，令平作底，底加以漆，更截小竹作口，提手亦用竹片黏連。又有擇葫蘆扁瓢，中灌桐油浸透，製同於竹。此具質輕而具樸野之意，似亦可取。再，大便用環椅如前式，下密鑲板，另構斗室，著壁安裝，壁後鑿穴，作抽替承之。

食宪鸿秘

（清）朱彝尊　撰

食憲鴻秘序

聞之飲食，乃民德所關。治庖不可無法，匕箸尤家政所在，中饋亦須示程。古者六穀六牲，膳夫之掌特重；百羞百醬，食醫之眡維時。製防乎雁翠雞肝，無貪適口；典重乎含桃羞黍，實有權衡。菽水亦貴旨甘，知孝子必以潔養。食膾弗厭精細，即聖人不遠人情。僅啖庾氏之葅，固傷寒儉；漫下何曾之筯，亦太倡狂。珍異相高，郇君夫奇而不法；咄嗟立辦，石季倫多而不經。倘能斟酌得宜，自足勝侯鯖之味；如其滋調失節，即何勞人乳之豚。蓋大德者小物必勤，抑養和者攝生必謹。此竹垞朱先生《食憲譜》之所爲作也。

先生相門華胄，慧業文人。書讀等身，不止備甘泉之三箧；詞流倒峽，何啻對青陵之十條。暈碧裁紅，有美皆歌亭壁；批風抹月，無奇不入奚囊。時當昭代之右文，士應搜才之曠典。鄒枚接跡，待詔金馬之門；楊馬連鑣，齊上玉堂之署。當吹藜珥筆之日，藉甚聲華；及歸田解組而還，尤工著述。笑擊鮮之陸賈，日溷諸郎；學分甘之右軍，味沾兒輩。遂以自珍興膳之所得，出其生平才藻之緒餘，用著斯篇，永爲成憲。審乎陰陽寒暑之候，而血氣均調；酌乎酸堿甘滑之宜，而性情俱洽。貴師其意，不須費及朱提；善領其神，自可餐同白玉。奇思巧製，實居金陵七妙之先；取多用宏，疑在内則八珍之上。《饌經》《食品》，遜此宏通；《爾雅》《説文》，方兹考據。何必銀罌翠釜，務欲試乎厨娘。直使野蔌山肴，亦可登之天府。

余也香名渴飲，秀句時餐。忽披日用之編，愈見規模之遠。雖以鹽梅巨手，未和天上之羹；庶幾膏澤深情，不暴人間之物。梓公同好，肯如異味之獨嘗；版任流傳，可補齊民之要術。行見悦心悦口，非徒説食之膏肓，養德養身，或亦爲功于仁壽云爾。

雍正辛亥仲冬長至後五日，廣寧年希堯書。

食憲鴻秘上卷

食憲總論

飲食宜忌

五味淡泊，令人神爽氣清少病。務須潔。酸多傷脾，鹹多傷心，苦多傷肺，辛多傷肝，甘多傷腎。尤忌生冷硬物。

食生冷瓜菜，能暗人耳目。驢馬食之，即日眼爛，況於人乎？四時宜戒，不但夏月也。

夏月不問老少喫暖物，至秋不患霍亂吐瀉。腹中常暖，血氣壯盛，諸疾不生。

飲食不可過多，不可太速。切忌空心茶、飯後酒、黄昏飯。夜深不可醉，不可飽，不可遠行。

雖盛暑極熱，若以冷水洗手、面，令人五臟乾枯，少津液。況沐浴乎？怒後不可便食，食後不可發怒。

凡食物，或傷肺肝，或傷脾胃，或傷心腎，或動風引濕，并耗元氣者，忌之。

軟蒸飯，爛煮肉，少飲酒，獨自宿，此養生妙訣也。脾以化食，夜食即睡，則脾不磨。《周禮》「以樂侑食」，蓋脾好音樂耳。聞聲則脾健而磨，故音聲皆出於脾。夏夜短，晚食宜少，恐難消化也。

新米煮粥，不厚不薄，乘熱少食，不問早晚，飢則食，此養生佳境也。身其境者，或忽之。彼奔走名利場者，視此非仙人耶。

飯後徐行數步，以手摩面，摩脅，摩腹，仰而呵氣四五口，去飲食之毒。

飲食不可冷，不可過熱。熱則火氣即積爲毒，癰疽之類，半由飲食過熱及炙熯熱性。

傷食飽脹，須緊閉口齒，聳肩上視，提氣至咽喉，少頃，復降入丹田，升降四五次，食即化。

治飲食不消，仰面直臥，兩手按胸并肚腹上，往來摩運，翻江倒海，運氣九口。

酒可以陶性情、通血脈。然過飲則招風敗腎，爛腸腐脅，可畏也。飽食後尤宜戒之。

酒以陳者爲上，愈陳愈妙。酒戒酸，戒濁，戒生，戒狠暴，戒冷。務清，務潔，務中和之味。

飲酒不宜氣粗及速，粗速傷肺。肺爲五臟華蓋，尤不可傷。且粗速無品。

凡早行，宜飲酒一甌，以禦霜露之毒。無酒，嚼生薑一片。燒酒禦寒，其功在暫時，而爍精耗血、助火傷目、鬚髮早枯白，禁之可也。惟製藥及豆腐、豆豉、蔔之類併諸閉氣物，用燒酒爲宜。

飲生酒、冷酒，久之兩腿膚裂出水，瘋痺腫，多不可治。或損目。

酒後渴，不可飲水及多啜茶。茶性寒，隨酒引入腎藏，爲停毒之水。令腰脚重墜、膀胱冷痛，爲水腫、消渴、攣躄之疾。

大抵茶之爲物，四時皆不可多飲，令下焦虚冷，不惟酒後也。惟飽飯後一二盞必不可少，蓋能消食及去肥濃煎煿之毒故也。空心尤忌之。

茶性寒，必須熱飲。飲冷茶，未有不成疾者。

飲食之人有三：一餔餟之人。食量本弘，不擇精粗，惟事滿腹。人見其蠢，彼實欲副其量，爲損爲益，總不必計。一滋味之人。嘗味務遍，兼帶好名。或肥濃鮮爽，生熟備陳，或海錯陸珍，誶非常饌。當其得味，儘有可口。然物性各有損益，且鮮多傷脾，炙多傷血之類，或毒味不察，不惟生冷發氣而已。此養口腹而忘性命者也。至好名，費價而味實無足取者，亦復何必？一養生之人。飲必好水，宿水濾净。飯必好米，去砂石、穀稗，兼戒饐而餲。蔬菜魚肉但取目前常物。務鮮、務潔、務熟、務烹飪合宜。不事珍奇，而自有真味。不窮炙煿，而足益精神。省珍奇烹炙之費，而潔治水、米及常蔬，調節頤養，以和於身，地神仙不當如是耶？

食不須多味，每食只宜一二佳味。縱有他美，須俟腹内運化後再進，方得受益。若一飯而包羅數十味於腹中，恐五臟亦供役不及，而物性既雜，其間豈無矛盾？亦可畏也。

飲之屬

從來稱飲必先于食，蓋以「水生於天，穀成於地，天一生水，地二成之」之義也。故此亦先食而敘飲。

論水

人非飲食不生，自當以水、穀爲主。肴與蔬但佐之，可少可更。惟水、穀不可不精潔。天一生水。人之先天，只是一點水。凡父母資禀清明、嗜欲恬澹者，生子必聰明壽考，此先天之故也。《周禮》云：飲以養陽，食以養陰。水屬陰，故滋陽；穀屬陽，故滋陰。以後天滋先天，可不務精潔乎？故凡污水、濁水、池塘死水、雷霆霹靂時所下雨水、冰雪水，雪水亦有用處，但要相制耳。俱能傷人，不可飲。

第一江湖長流宿水

品茶、釀酒貴山泉，煮飯、烹調則宜江湖水。蓋江湖内未嘗無原泉之性也，但得土氣多耳。水要無土滓，又無土性，且水大而流活，其得太陽亦多，故爲養生第一。即品泉者，亦必以揚子江心爲絶品也。灘岸近人家洗濯處，即非好水。

暴取水亦不佳，與暴雨同。

取水藏水法

不必江湖，但就長流通港内，於半夜後舟楫未行時，泛舟至中流，多帶罈甕取水歸，多備大缸貯下。以青竹棍左旋攪百餘回，急旋成窩即住手。將箬笠蓋好，勿觸動。先時留一空缸。三日後，用潔净木杓於缸中心將水輕輕舀入空缸内，舀至七分即止。其周圍白滓及底下泥滓連水淘洗，令缸潔净。然後將别缸水如前法舀過。逐缸搬運畢，再用竹棍左旋攪過蓋好。三日後舀過缸，剩去泥滓。如此三遍。預備潔净竈鍋，專用常煮水舊鍋爲妙。入水煮滚透，舀取入罈。每罈先入上白糖霜三錢於内，然後入水，蓋好。停宿一二月，取供煎茶，與泉水莫辨。愈宿愈好。煮飯用湖水宿下者乃佳。即用新水，亦須以綿綢濾去水中細蟲。秋冬水清。春夏必有細蟲、雜滓。

第二山泉雨水 烹茶宜

山泉亦以源遠流長者爲佳。若深潭停蓄之水，無有來源，且不流出，但從四山聚入者，亦防有毒。

雨水亦貴久宿。入罈用炭火煞過。黄梅天暴雨水，極淡而毒，飲之損人，著衣服上即黴爛，用以煎膠礬製畫絹，不久碎裂，故必久宿乃妙。久宿味甜。三年陳梅水，凡洗書畫上汗跡及泥金澄漂必須之，至妙物也。

凡作書畫，研墨著色必用長流好湖水。若用梅水、雨水則膠散。用井水則鹹。

第三井花水

煮粥，必須井水，亦宿貯爲佳。

盥面必須井花水，平旦第一汲者名井花水，輕清斥潤。則潤澤益顔。

凡井水澄蓄一夜，精華上升，故第一汲爲最妙。每日取斗許入缸，蓋好宿下，用盥面佳。即用多汲，亦必輕輕下綆，重則濁者泛上不堪。凡井久無人汲取者，不宜即供飲。

白滾水

空心嗜茶，多致黄瘦或腫癖，忌之。晨起，先飲白滾水爲上。夜睡火氣鬱於上部，胸膈未舒，先開導之，使開爽。淡鹽湯或白糖或諸香露皆妙。即服藥，亦必先飲一二口湯乃妙。

福橘湯

福橘餅撕碎，滾水衝飲。橘膏湯製法見果門。

橄欖湯

橄欖數枚，木槌擊破，入小砂壺，注滾水蓋好，停頃作飲。刀切作黑繡，作腥，故須木槌擊破。

杏仁湯

杏仁煮，去皮、尖。换水浸一宿。如磨豆粉法，澄去水，加薑汁少許，白糖點注，或加酥蜜。北方土燥故也。

暗香湯

臘月早梅，清晨摘半開花朵，連蒂入磁瓶。每一兩許用炒鹽一兩灑入，勿用手抄壞，箬葉厚紙密封。入夏取開，先置蜜少許於盃内，加花三四朵，滚湯注入，花開如生可愛，充茶香甚。

須問湯

東坡居士歌括云：三錢生薑乾，爲末一斤棗乾用，去核，二兩白鹽飛過，炒黄一兩草炙，去皮。丁香末香各半錢，約略陳皮一處搗。煎也好，點也好，紅白容顔直到老。

鳳髓湯 潤肺，療咳嗽

松子仁、核桃仁湯浸，去皮各一兩，蜜半斤。先將二仁研爛，次入蜜和勾，沸湯點服。

芝麻湯 通心氣，益精髓

乾蓮實一斤，帶黑殼炒極燥，搗，羅極細末，粉草一兩，微炒，磨末，和勾。每二錢入鹽少許，沸湯點服。

柏葉湯

採嫩柏葉，綫縛，懸大甕中，用紙糊。經月取用。如未甚乾，更閉之。至乾，取爲末，入錫瓶。點湯，嫩草色。夜話飲之，尤醒酒益人。新採洗净，點湯更妙。

乳酪方

從乳出酪，從酪出酥，從生酥出熟酥，從熟酥出醍醐。

牛乳一碗，或羊乳。攙水半鐘，入白麵三撮，濾過下鍋，微火熬之。待滚，下白糖霜。然後用緊火，將木杓打一會，熟了再濾入碗。糖内和薄荷末一撮，更佳。

奶子茶

粗茶葉煎濃汁，木杓揚之，紅色爲度。用酥油及研碎芝麻濾入，加鹽或糖。

杏酪

京師甜杏仁，用熱水泡，加爐灰一撮入水，候冷即捏去皮，用清水漂净。再量入清水，如磨豆腐法帶水磨碎，用絹袋榨汁去渣。以汁入鍋煮熟，加白糖霜熱啜。或量加牛乳，亦可。

麻腐

芝麻略炒微香，磨爛加水，生絹濾過，去渣取汁，煮熟，入白糖，熱飲爲佳。或不用糖，用少水凝作腐，或煎或入湯，供素饌。

酒

《飲膳標題》云：酒之清者曰釀，濁者曰盎；厚曰醇，薄曰醨；重釀曰酎；一宿曰醴；美曰醑；未榨曰醅；紅曰醍，緑曰醽，白曰醝。

又《説文》「酴，酒母也」，「醴，甘酒一宿熟也」，「醪，汁滓酒也」，「酎，宙，三重酒也」，「醨，薄酒也」，「醑，莤縮酒，醇酒也」。

又《説文》：酒白謂之醙。醙者，壞飯也，老也。飯老即壞，不壞即酒不甜。又曰：投者，再釀也。《齊民要術》桑落酒有六七投者。酒以投多爲善。釀而後壞則甜，未釀先壞則酸，釀力到而飯舒徐以壞，則不甜而妙。

酒酸

用赤小豆一升，炒焦，袋盛，入酒罈，則轉正味。

北酒：滄、易、潞酒皆爲上品。而滄酒尤美。

南酒：江北則稱高郵五加皮酒及木瓜酒，而木瓜酒爲良。江南則鎮江百花酒爲上。無錫陳者亦好。蘇州狀元紅品最下。揚州陳苦酵亦可。總不如家製三白酒，愈陳愈好。南潯竹葉清，亦爲妙品。此外尚有甕頭春、琥珀光、香雪酒、花露白、妃醉、蜜淋漓等名，俱用火酒促脚，非常飲物也。

飯之屬

論米穀

食以養陰。米穀得陽氣而生，補氣正以養血也。

凡物久食生厭。惟米穀稟天地中和之氣，淡而不厭，甘而非甜，爲養生之本，故聖人「食不厭精」。夫粒食爲人生不容已之事，苟遇凶荒貧乏，無可如何耳。每見素封者，倉廩充積而自甘粗糲，砂礫、秕糠雜以稗穀，都不揀去。力能潔净而乃以腸胃爲砥石，可怪也。古人以食爲命，彼豈以命爲食耶？略省勢利奔競之費，以從事於精鑿，此謂知本。

蒸飯

穀皮及芒最磨腸胃。小兒腸胃柔脆，尤宜檢净。

北方撈飯去汁而味淡，南方煮飯味足，但湯水、火候難得恰好，非饐則太硬，亦難適口。惟蒸飯最適中。

粉之屬

粳米粉

白米磨細，爲主，可炊鬆糕。炙燥糕。

糯米粉

磨、羅并細，爲主，可餅可煤，可糝食。

水米粉

如磨豆腐法，帶水磨細。爲元宵圓，尤佳。

碓　粉

石柏杵極細，製糕軟燥皆宜，意致與磨粉不同。

黄米粉

冬老米磨，入八珍糕或糖和，皆可。

藕　粉

老藕切段，浸水。用磨一片架缸上，將藕就磨磨擦，淋漿入缸，絹袋絞濾，澄去水，曬乾。每藕二十斤，可成一斤。

藕節粉，血症人服之尤妙。

雞豆粉

新雞豆曬乾，搗去殼，磨粉，作糕佳，或作粥。

栗子粉

山栗切片，曬乾磨粉，可糕可粥。

菱角粉

去皮搗，濾成粉。

松柏粉

帶露取嫩葉，搗汁澄粉，綠香可愛。

山藥粉

鮮者搗，乾者磨。可糕可粥，亦可入肉饌。

蕨　粉

作餅餌食，甚妙。有治成貨者。

蓮子粉

乾蓮子，搗碎去心，磨粉。

煮麵

麵不宜生水過。用滾湯温過，妙。冷淘脆爛。

麵毒

用黑豆汁和麵，再無麵毒。

粥之屬

煮粥

凡煮粥，用井水則香，用河水則淡而無味。然河水久宿，煮粥亦佳；井水經暴雨過，亦淡。

神仙粥 治感冒、傷風初起等症。

糯米半合，生薑五大片，河水二碗，入砂鍋煮二滾，加入帶鬚葱頭七八個，煮至米爛，入醋半小鐘，乘熱吃。或只吃粥湯，亦效。米以補之，葱以散之，醋以收之，三合甚妙。

胡麻粥

胡麻去皮蒸熟，更炒令香，每研爛二合，同米三合煮粥。胡麻皮肉俱黑者更妙，烏鬚髮，明目，補腎，仙家美膳。

薏苡粥

薏米雖舂白，而中心有坳，坳内糙皮如梗，多耗氣。法當和水同磨，如磨豆腐法，用布濾過，以配芡粉、山藥乃佳。薏米治净，停對白米煮粥。

山藥粥 補下元

懷山藥爲末，四六分配米煮粥。

芡實粥 益精氣，廣智力，聰耳目。

芡實去殼，新者研膏，陳者磨粉，對米煮粥。

蓮子粥 治同上。

去皮、心，煮爛，搗，和入糯米煮粥。

肉　粥

白米煮成半飯，碎切熟肉如豆，加筍絲、香蕈、松仁，入提清美汁，煮熟。鹹菜採嗽佳。

羊肉粥 治羸弱，壯陽。

蒸爛羊肉四兩，細切。加入人參、白茯苓各一錢，黄芪五分，俱爲細末。大棗二枚，細切，去核。粳米三合。飛鹽二分。煮熟。

餌之屬

頂酥餅

生麵，水七分、油三分，和稍硬，是爲外層。硬則入爐時皮能頂起一層，過軟則粘，不發鬆。生麵每斤入糖四兩，純油和，不用水，是爲内層。扞須開折，須多遍，則層多。中層裹餡。

雪花酥餅

與頂酥麵同。皮三瓤七，則極酥。入爐，候邊乾定爲度。否則皮裂。

蒸酥餅

籠内著紙一層，鋪麵四指，横順開道，蒸一二炷香，再蒸更妙。取出，趁熱用手搓開，細羅羅過，晾冷，勿令久陰濕。候乾，每斤入净糖四兩、脂油四兩、蒸過乾粉三兩，攪匀，加温水和劑，包餡，模餅。

薄脆餅

蒸麵，每斤入糖四兩、油五兩，加水和，扞開半指厚，取圓，粘芝麻，入爐。

裹餡餅 即千層餅也。

麵與頂酥瓤同。内包白糖，外粘芝麻，入爐，要見火色。

千層薄脆餅 此裹餡餅也。

生麵六斤、蒸麵四斤、脂油三斤、蒸過豆粉二斤，溫水和，包餡，入爐。

爐　餅

蒸麵，用蜜、油停對和勻，入模。蜜四油六則太酥，蜜六油四則太甜，故取平。

玉露霜

天花粉四兩、乾葛一兩、桔梗一兩，俱爲麵。豆粉十兩，四味攪勻。乾薄荷用水灑潤，放開，收水跡，鋪錫盂底，隔以細絹，置粉於上，再隔絹一層，又加薄荷。蓋好封固，重湯煮透，取出冷定。隔一二日取出，加白糖八兩和勻，印模。

一方：止用菉豆粉、薄荷，内加白檀末。

内府玫瑰火餅

麵一斤、香油四兩、白糖四兩熱水化開，和勻作餅。用製就玫瑰糖，加胡桃白仁、榛松瓜子仁、杏仁、煮七次，去皮尖。薄荷及小茴香末擦勻作餡。兩面粘芝麻，熯熱。

松子海囉嗦

糖滷入鍋熬一飯頃，攪冷，隨手下炒麵，旋下剁碎松子仁，攪勻，撥案上，先用酥油抹案。捍開，乘温切象眼塊冷切恐碎。

焦鹽餅

白糖二斤、香油半斤、鹽半兩、椒末一兩、茴香末一兩，和麵爲瓤，更入芝麻粗屑尤妙。每一餅夾瓤一塊，捍薄，熯之。

又法：湯、油對半和麵，作外層，内用瓤。

糖薄脆

麵五斤，糖一斤四兩、清油一斤四兩、水二碗，加酥油、椒鹽水少許，搜和成劑。捍薄，如茶杯口大，芝麻撒勻，熯熟。香脆。

晉府千層油旋烙餅 此即虎邱蓑衣餅也。

白麵一斤，白糖二兩，水化開，入真香油四兩，和麵作劑，捍開。再入油成劑，捍開。再入油成劑，再扞。如此七次。火上烙之，甚美。

到口酥

酥油十兩，化開，傾盆内，入白糖七兩，用手擦極匀。白麵一斤，和成劑，扞作小薄餅，拖爐微火熯。

或印或餅上栽松子仁，即名松子餅。

素焦餅

瓜、松、榛、杏等仁，和白麵搗印，烙餅。

葷焦餅

焦熟雞削薄片，曬乾爲末，和匀麵，烙餅。

又蝦米末，亦妙。

芋　餅

生芋搗碎，和糯米粉爲餅，隨意用餡。

韭餅 薺菜同法

好豬肉細切臊子，油炒半熟，或生用。韭生用，亦細切，花椒、砂仁醬拌。捍薄麵餅，兩合攏邊，熯之。北人謂之「合子」。

光燒餅 即北方代飯餅。

每麵一斤，入油半兩、炒鹽一錢，冷水和，骨魯槌捍開，鏊上煿，待硬，緩火燒熱。極脆美。

豆膏餅

大黄豆炒，去皮爲末，白糖、芝麻、香油和匀。

酥油餅

油酥麵四斤、蜜二兩、白糖一斤，溲和印餅，上爐。

山藥膏

山藥蒸將熟，攪碎，加白糖、淡肉湯煮。

菉豆糕

菉豆用小磨磨去皮，涼水過浄，蒸熟，加白糖搗匀，切塊。

八珍糕

山藥、扁豆各一斤，苡仁、蓮子、芡實、茯苓、糯米各半斤，白糖一斤。

栗糕

栗子風乾剥浄，搗碎磨粉，加糯米粉三之一，糖和，蒸熟炒。

水明角兒

白麵一斤，逐漸撒入滚湯，不住手攪成稠糊，劃作一二十塊，冷水浸至雪白，放稻草上擁出水，豆粉對配，作薄皮，包餡蒸，甚妙。

油餃兒

白麵入少油，用水和劑，包餡作餃兒，油煎。餡同肉餅法。

麵鮓

麩切細絲一斤，雜果仁細料一升，筍、薑各系，熟芝麻、花椒二錢，砂仁、茴香末各半錢，鹽少許，熟油拌匀。或入鍋炒爲齏，亦可。

麵脯

蒸熟麩，切大片，香料、酒、醬煮透，晾乾，油内浮煎。

響麵筋

麵筋切條，壓乾，入豬油炸過，再入香油炸，笊起，椒、鹽、酒拌。入齒有聲。不經豬油，不能堅脆也。製就，入糟油或酒釀浸食，更佳。

薰麵筋

細麩切方寸塊，煮一過，榨乾，入甜醬内一二日，取出抹净，用鮮蝦煮湯，蝦多水少爲佳，用蝦米湯亦妙。加白糖些少，入浸一宿，或飯鍋頓。取起，擱乾炭火上微烘乾，再浸蝦湯内，取出再烘乾。湯盡，入油略沸，撈起擱乾，薰過收貯。

蝦湯内再加椒、茴末。

餡料

核桃肉、白糖對配，或量加蜜，或玫瑰、松仁、瓜仁、榛、杏。

糖滷

凡製甜食，須用糖滷。内府方也。

每白糖一斤，水三碗，熬滚。白綿布濾去塵垢，原汁入鍋再熬，手試之，稠粘爲度。

製酥油法

牛乳入鍋熬一二沸，傾盆内冷定，取面上皮。再熬，再冷，可取數次皮。將皮入鍋煎化，去粗渣收起，即是酥油。留下乳渣，如壓豆腐法壓用。

乳滴 南方呼焦酪。

牛乳熬一次，用絹布濾冷水盆内。取出再熬，再傾入水。數次，羶氣净盡。入鍋，加白糖熬熱，用匙取乳，滴冷水盆内，水另換。任成形象。或加胭脂、梔子各顔色，美觀。

閣老餅

邱瓊山嘗以糯米淘净，和水粉，瀝乾，計粉二分白麵一分。其餡隨用。熯熟爲供，軟膩甚適口。

玫瑰餅

玫瑰搗去汁，用滓入白糖，模餅。玫瑰與桂花去汁而香不散，他花不然。野薔薇、菊花及葉俱可去汁。桂花餅同此法。

薄荷餅

鮮薄荷同糖搗，可膏可餅。

杞餅

枸杞去核，白糖拌搗，模餅，可點茶。松仁餅同法。

菊餅

黄甘菊去蒂，搗去汁，白糖和勻，印餅。加梅滷成膏，不枯，可久。

山查膏

冬月山查，蒸爛，去皮核净。每斤入白糖四兩，搗極勻，加紅花膏併梅滷少許，色鮮不變。凍就，切塊，油紙封好。外塗蜂蜜，磁器收貯，堪久。

梨膏 或配山查一半。

梨去核净搗，出自然汁，慢火熬如稀糊。每汁十斤，入蜜四斤，再熬，收貯。

烏葚膏

黑桑葚取汁，拌白糖曬稠。量入梅肉及紫蘇末，搗成餅，油紙包，曬乾，連紙收。色黑味酸，咀之有味。雨天潤澤，經歲不枯。

核桃餅

核桃肉去皮，和白糖，搗如泥，模印。稀不能持，蒸江米飯，攤冷，加紙一層，置餅於上一宿，餅實而米反稀。

橙　膏

黄橙四兩，用刀切破，入湯煮熟。取出，去核搗爛，加白糖，稀布濾汁，盛磁盤，再頓過。凍就，切食。

煮蓮肉

水極滚時下鍋，則易爛而鬆膩。

蓮子纏

蓮肉一斤，泡，去皮、心，煮熟。以薄荷霜二兩、白糖二兩裹身，烘焙乾。入供。

杏仁、欖仁、核桃同此法。

芰什麻 南方謂之「澆切」。

白糖六兩、餳糖二兩，慢火熬。試之稠粘，入芝麻一升、炒麵四兩，和勻。案上先灑芝麻，使不粘，乘熱撥開，仍灑芝麻末，骨魯槌扞開，切象眼塊。

上清丸

南薄荷一斤，百藥煎一斤，寒水石煅、元明粉、桔梗、訶子肉、南木香、人參、烏梅肉、甘松各一兩，柿霜二兩，細茶一錢，甘草一斤，熬膏。或加蜜一二兩熬，和丸如白果大。每用一丸，噙化。

梅蘇丸

烏梅肉二兩。乾葛六錢、檀香一錢、蘇葉三錢、炒鹽一錢、白糖一斤，共爲末。烏梅肉搗爛，爲丸。

蒸裹粽

上白糯米蒸熟，和白糖拌勻，用竹葉裹小角兒，再蒸。核桃肉、薄荷末拌勻作餡，亦妙。剥開油煎，更佳。

香茶餅

甘松、白豆蔻、沉香、檀香、桂枝、白芷各三錢，孩兒茶、細茶、南薄荷各一兩，木香、藁本各一錢，共爲末。入片腦五分。甘草半斤，細剉，水浸一宿，去渣，熬成膏，和劑。

又方

檀香一兩，沉香一錢，薄荷、訶子肉、兒茶、甘松、硼砂各一兩，烏梅肉五錢，共爲末。甘草一斤，用水七斤，熬膏爲丸。加冰片少許，尤妙。

醬之屬

合醬

今人多取正月晦日合醬。是日偶不暇爲，則云時已失。大誤也。按，古者王政重農，故於農事未興之時，俾民乘暇備一歲調鼎之用，故云「雷鳴不作醬」，恐二三月間奪農事也。今不躬耕之家，何必以正晦爲限？亦不須避雷，但要得法耳。李濟翁《資暇録》。

飛鹽

古人調鼎，必曰鹽梅。知五味以鹽爲先。鹽不鮮潔，縱極烹飪，無益也。用好鹽入滚水泡化，澄去石灰、泥滓，入鍋煮乾，入饌不苦。

甜醬

伏天取帶殻小麥淘净，入滚水鍋，即時撈出。陸續入，即撈，勿久滚。撈畢，濾乾水，入大竹籮内，用黄蒿蓋上。三日後取出，曬乾。至來年二月，再曬。去膜播净，磨成細麵。羅過，入缸内。量入鹽水。夏布蓋面，日曬成醬。味甜。

甜醬方 用麵不用豆。

二月。白麵百斤，蒸成大饅子，劈作大塊，裝蒲包内按實，盛箱發黄。大約麵百斤成黄七十五斤。七日取出，不論乾濕，每黄一斤，鹽四兩。將鹽入滚水化開，澄去泥滓，入缸，下黄。將熟，用竹格細攪過，勿留塊。

醬油

黄豆或黑豆煮爛，入白麵，連豆汁揣和使硬。或爲餅，或爲窩。青蒿蓋住，發黄，磨末，入鹽湯，曬成醬。用竹篾密拄缸下半截，貯醬於上，瀝下醬油。或生絹袋盛濾。

豆醬油

黑豆煮爛，濾起，放席上窩七日，取出，曬乾。揣去皮，加鹽，入豆汁，汁少添水，同入缸，日曬至紅色。逐日將面上醬油撇起，撇至乾，剩豆别用。

秘傳醬油方

好豆渣一斗，蒸極熟，好麸皮一斗，拌和，合成黄子。甘草一斤，煎濃湯約十五六斤，好鹽二斤半，同入缸，曬熟。濾去渣，入甕，愈久愈鮮，數年不壞。

甜醬

白豆炒黄，磨極細粉，對麵，水和成劑。入湯煮熟，切作糕片，合成黄子。搥碎，同鹽瓜、鹽滷層疊入甕，泥頭。十個月成醬，極甜。

一料醬方

上好陳醬五斤、芝麻二升炒、薑絲五兩、杏仁二兩、砂仁二兩、陳皮三兩、椒末一兩、糖四兩，熬好菜油，炒乾入簍，暑月行千里不壞。

糯米醬方

糯米一小斗，如常法做成酒，帶糟。入炒鹽一斤，淡豆豉半斤，花椒三兩，胡椒五錢，大茴香、小茴香各二兩，乾薑二兩，以上和匀磨細，即成美醬，味最佳。

鯤　醬 蝦醬同法。

魚子去皮、沫，勿見生水，和酒、醬油磨過。入香油打匀，曬攪，加花椒、茴香，曬乾成塊。加料及鹽、醬，抖開再曬，方妙。

醃肉水

臘月醃肉，臢出來鹽水，投白礬少許，浮沫俱沉。澄去滓，另器收藏。夏月煮鮮肉，味美堪久。

醃雪

臘雪拌鹽貯缸，入夏取水一杓煮鮮肉，不用生水及鹽、醬，肉味如暴醃，中邊加透，色紅可愛，數日不壞。用製他饌及合醬，俱妙。

芥滷

醃芥菜鹽滷，煮豆及蘿蔔丁，曬乾，經年可食。入罈封固，埋土。三年後，化爲泉水。療肺癰、喉鵝。

筍油

南方製鹹筍乾，其煮筍原汁與醬油無異，蓋換筍而不換汁故。色黑而潤，味鮮而厚，勝於醬油，佳品也。山僧受用者多，民間鮮製。

神醋 六十五日成

五月二十一日淘米，每日淘一次，淘至七次，蒸飯熟。晾冷入罈，用青夏布紮口，置陰涼處。罈須架起，勿著地。六月六日取出，重量一碗飯、兩碗水入罈。每七打一次。打至七次，煮滾，入炒米半斤，於罈底裝好，泥封。

神仙醋

六月一日浸米一斗，日淘轉三次，六日蒸飯，十二日入甕。每飯一盞，入水二盞，日淘二次。白露日瀝煮。色如朱桔，香味俱佳。封二年後，尤妙。

醋方

老黃米一斗，蒸飯；酒麴一斤四兩，打碎，拌入甕。一斗飯，二斗水。置净處，要不動處，一月可用。

大麥醋

大麥仁，蒸一斗，炒一斗，晾冷。用麴末八兩拌勻，入罈。煎滾水四十斤注入，夏布蓋。日曬，時移向陽。三七日成醋。

神仙醋

午日起，取飯鍋底焦皮，捏成團，投筐内懸起。日投一個，至來年午日，搥碎播净，和水入罈封好。三七日成醋，色紅而味佳。

收醋法

頭醋濾清，煎滚入罈。燒紅火炭一塊投入，加炒小麥一撮，封固，永不敗。

甜　糟

上白江米二斗，浸半日，淘净，蒸飯，攤冷，入缸。用蒸飯湯一小盆作漿，小麯六塊，搗細羅末，拌匀。用南方藥末，更妙。中挖一窩，周圍按實，用草蓋蓋上，勿太冷太熱，七日可熟。將窩内酒釀撇起，留糟。每米一斗，入鹽一碗。橘皮細切，量加。封固，勿使蠅蟲飛入。聽用。

或用白酒甜糟。每斗入花椒三兩、大茴二兩、小茴一兩、鹽二升、香油二斤拌貯。

製香糟

江米一斗，用神麯十五兩、小麯十五兩，用引酵釀就。入鹽十五兩，攪轉，入紅麯末一斤，花椒、砂仁、陳皮各三錢，小茴一錢，俱爲末和匀，拌入，收罈。

糟油

做成甜糟十斤、麻油五斤、上鹽二斤八兩、花椒一兩，拌勻。先將空瓶用稀布紥口，貯甕内，後入糟封固。數月後，空瓶瀝滿，是名糟油，甘美之甚。

又

白甜酒糟連酒在内不榨者五斤、醬油二斤、花椒五錢，入鍋燒滚，放冷，濾净。與糟内所淋無異。

製芥辣

芥子一合，入盆擂細。用醋一小盞，加水和調，入細絹擠出汁，置水缸涼處。臨用，再加醬油、醋調和，甚辣。

梅醬

三伏取熟梅，搗爛，不見水，不加鹽，曬十日。去核及皮，加紫蘇，再曬十日，收貯。用時，或入鹽，或入糖。梅經伏日曬，不壞。

鹹梅醬

熟梅一斤，入鹽一兩，曬七日。去皮核，加紫蘇，再曬二七日，收貯。點湯、和冰水消暑。

甜梅醬

熟梅，先去皮，用絲綫刻下肉，加白糖拌勻。重湯頓透，曬一七，收藏。

梅 滷

醃青梅，滷汁至妙。凡糖製各果，入汁少許，則果不壞而色鮮不退。此丹頭也。代醋拌蔬，更佳。

豆 豉 大黑豆、大黃豆俱可用

大青豆一斗，浸一宿，煮熟。用麵五斤，纏衣，攤席上涼乾。楮葉蓋，發中黃。淘净。苦瓜皮十斤，去内白一層，切作丁。鹽醃，榨乾。飛鹽五斤，或不用。杏仁四升，約二斤。煮七次，去皮、尖。若京師甜杏仁泡一次。生薑五斤，刮去皮，切絲。或用一二斤。花椒半斤，去梗目。

或用兩許。薄荷、香菜、紫蘇葉五兩，三味不拘。俱切碎。陳皮半斤或六兩，去白，切絲。大茴香、砂仁各四兩，或并用小茴四兩、甘草六兩。白豆蔻一兩，或俱不用。草果十枚，或不用。華撥、良薑各三錢，或俱不用。官桂五錢，共爲末，合瓜、豆拌匀，裝罈。用金酒、好醬油對和加入，約八九分滿。包好。數日開看，如淡，加醬油；如鹹，加酒。泥封固，曬，伏製秋成，味美。

水豆豉

好黄子十斤，下缸，入金華甜酒十碗，次入鹽水，先一日用好鹽四十兩，入滚湯二十碗化開，澄定用。攪匀。曬四十九日畢，方下大、小茴香末各一兩，草果、官桂末各五錢，木香末三錢，陳皮絲一兩，花椒末一兩，乾薑絲半斤，杏仁一斤，各料和入缸内，又打又曬，三日裝入罈，隔年方好。蘸肉吃，更妙。

酒豆豉

黄子一斗五升，去麵浄。茄五斤、瓜十二斤、薑絲十四兩、橘絲不拘、小茴一斤、炒鹽四斤六兩、青椒一斤，共拌入甕，捺實。傾金華甜酒或酒釀浸，浮二寸許，箬包固，泥封。罈上記字號。輪四面曬，四十九日滿，傾大盆内，曬乾爲度。曬時以黄草布蓋好，勿令蠅入。

香豆豉 製黄子，以三月三日、五月五日。

大黄豆一斗，水淘净，浸一宿，濾乾。籠蒸熟透，冷一宿，細麵拌匀。逐顆散開。攤箔上，箔離地一二尺。上用楮葉，箔下用蒿草密覆，七日成黄衣。曬乾，簸净。加鹽二斤，草果去皮十個，蒔蘿二兩，小茴、花椒、官桂、砂仁等末各二兩，紅豆末五錢，陳皮、橙皮切絲各五錢，瓜仁不拘，杏仁不拘，蘇葉切絲二兩、甘草去皮切一兩，薄荷葉切一兩，生薑臨時切絲二斤，菜瓜切丁十斤，以上和匀，於六月六日下，不用水。一日拌三五次，裝罈。四面輪日，曬三七日，傾出。曬半乾，復入罈。用時或用油拌，或用酒釀拌，即是濕豆豉。

熟茄豉

茄子用滚水沸過，勿太爛。用板壓乾，切四開。生甜瓜他瓜不及切丁，入少鹽晾乾。每豆黄一斤，茄對配，瓜丁及香料量加，用好油四兩、好陳酒十二兩拌，曬透入罈。曬。妙甚。豆以黑爛淡爲佳。

燥豆豉

大黄豆一斗，水浸一宿。茴香、花椒、官桂、蘇葉各二兩，甘草五錢，砂仁一兩，鹽一斤，醬油一碗，同入鍋，加水浸豆三寸許，燒滚。停頓，看水少，量加熱水，再燒。熟爛，取起瀝湯，烈日曬過。仍浸原汁。日曬夜浸，汁盡豆乾。罈貯，任用。乾後再用燒酒拌潤，曬乾，更妙。

鬆豆 陳眉公方

大白圓豆，五日起，七夕止，日曬夜露。雨則收過。畢，用太湖沙或海沙入鍋炒，先入沙炒熱，次入豆。香油熬之。用篩篩去沙，豆鬆無比，大如龍眼核。或加油、鹽，或砂仁醬，或糖鹵拌，俱可。

豆腐

乾豆輕磨，拉去皮，簸净。淘浸磨漿，用綿綢瀝出。用布袋絞撩則粗。勿揭起皮，取皮則精華去，而腐粗懈。鹽鹵點就，壓乾者爲上。或用石膏點，食之去火。然不中庖厨制度。

北方無鹽鹵，用酸泔。

建腐乳

如法豆腐，壓極乾。或綿紙裹，入灰收乾。切方塊，排列蒸籠內，每格排好，裝完，上籠蓋。春二三月，秋九十月，架放透風處。浙中製法：入籠上鍋蒸過，乘熱置籠於稻草上，周圍及頂俱以礱糠埋之。須避風處。五六日，生白毛。毛色漸變黑或青紅色，取出，用紙逐塊拭去毛翳，勿觸損其皮。浙中法：以指將毛按實腐上，鮮。每豆一斗，用好醬油三斤、炒鹽一斤入醬油內，如無醬油，炒鹽五斤。鮮色紅麴八兩，揀净茴香、花椒、甘草不拘多少，俱爲末，與鹽酒攪匀。裝腐入罐，酒料加入，浙中腐出籠後，按平白毛，鋪在缸盆內。每腐一塊，撮鹽一撮於上，淋尖爲度。每一層腐，一層鹽。俟鹽自化，取出日曬，夜浸鹵內。日曬夜浸，收鹵盡爲度，加料酒入罈。泥頭封好，一月可用。若缺一日，尚有腐氣未盡。若封固半年，味透，愈佳。

一方

不用醬。每腐十斤，約鹽三斤。

薰豆腐

得法豆腐壓極乾，鹽腌過，洗净，曬乾。塗香油薰之。

又

豆腐腌、洗、曬後，入好汁湯煮過，薰之。

鳳凰腦子

好腐腌過，洗净，曬乾。入酒釀糟糟透，妙甚。每腐一斤，用鹽三兩腌，七日一翻，再腌七日，曬乾。將酒釀連糟捏碎，一層糟，一層腐，入罈内。越久越好。每二斗米酒釀，糟腐二十斤。腐須定做極乾，鹽鹵瀝者。

酒釀用一半糯米、一半粳米，則耐久不酸。

糟乳腐

製就陳乳腐，或味過於鹹，取出，另入器内。不用原汁，用酒釀、甜糟層層疊糟，風味又别。

凍豆腐

嚴冬，將豆腐用水浸盆內，露一夜。水冰而腐不凍，然腐氣已除。味佳。或不用水浸，聽其自凍，竟體作細蜂窠狀。洗净，或入美汁煮，或油炒，隨法烹調，風味迥别。

腐乾

好腐乾，用臘酒釀、醬油浸透，取出。入蝦子或蝦米粉同研匀，做成小方塊。砂仁、花椒細末摻上，薰乾。熟香油塗上，再薰。收貯。

醬油腐乾

好豆腐壓乾，切方塊。將水醬一斤，如要赤，内用赤醬少許。用水二斤，同煎數滾，以布瀝汁。次用水一斤，再煎前醬渣數滾，以醬淡爲度。仍布瀝汁，去渣。然後合并醬汁。入香蕈、丁香、白芷、大茴香、檜皮各等分。將豆腐同入鍋，煮數滾，浸半日。其色尚未黑，取起，令乾。隔一夜，再入汁内煮數次，味佳。

豆腐脯

好腐油煎，用布罩密蓋，勿令蠅蟲入。候臭過，再入滚油内沸，味甚佳。

豆腐湯

先以汁湯入鍋，調味得所，燒極滚。然後下腐，則味透而腐活。

煎豆腐

先以蝦米凡諸鮮味物浸開，飯鍋頓過，停冷。入醬油、酒釀得宜，候着。鍋須熱，油須多，熬滚，將腐入鍋，腐響熱透。然後將蝦米并汁味潑下，則腐活而味透，迥然不同。

筍　豆

鮮筍切細條，同大青豆加鹽水煮熟。取出，曬乾。天陰，炭火烘。再用嫩筍皮煮湯，略加鹽，濾净，將豆浸一宿，再曬。日曬夜浸多次，多收筍味爲佳。

茄豆

生茄切片，曬乾。大黑豆、鹽、水同煮極熟。加黑沙糖。即取豆汁，調去沙脚，入鍋再煮一頓，取起，曬乾。

蔬之屬

京師醃白菜

冬菜百斤，用鹽四斤，不甚鹹。可放到來春。由其天氣寒冷，常年用鹽，多至七八斤，亦不甚鹹。朝天宫冉道士菜一斤，止用鹽四錢。

南方鹽虀菜，每百斤亦止用鹽四斤，可到來春。取起，河水洗過，曬半乾。入鍋燒熟，再曬乾。切碎，上籠蒸透。再曬，即爲梅菜。

北方黄芽菜醃三日可用。南方醃七日可用。

醃菜法

白菜一百斤，曬乾。勿見水。抖去泥，去敗葉。先用鹽二斤，疊入缸。勿動手，醃三四日。就鹵内洗。加鹽，層層疊入罈内，約用鹽三斤。澆以河水，封好，可長久。臘月做。

又

冬月白菜，削去根，去敗葉，洗净，挂乾。每十斤，鹽十兩。用甘草數根，先放甕内，將鹽撒入菜丫内，排入甕中。入蒔蘿少許，椒末亦可。以手按實。再入甘草數根，將菜裝滿，用石壓面。三日後取菜，翻疊別器内。器忌生水。將原鹵澆入。候七日，依前法翻疊，疊實，用新汲水加入。仍用石壓。味美而脆。至春間食不盡者，煮曬乾收貯。夏月温水浸過，壓去水，香油拌，放飯鍋蒸食，尤美。

菜齏

大菘菜即芥菜洗净。將菜頭十字劈裂。菜菔取緊小者，切作兩半，俱曬去水脚。薄切小方寸片，入净罐。加椒末、茴香，入鹽、酒、醋。擎罐摇播數十次，密蓋罐口，置竈上温處，仍日摇播一晌。三日後可供，青白間錯，鮮潔可愛。

醬芥

揀好芥菜，擇去敗葉，洗净，將繩挂背陰處。用手頻揉，揉二日後軟熟。剥去邊葉，止用心，切寸半許。熬油入鍋，加醋及酒并少水燒滚，入菜。一焯過，趁熱入盆，用椒末、醬油澆拌，急入罈，灌以原汁。用凉水一盆，浸及罈腹，勿封口。二日方掇口收用。

醋菜

黄芽菜，去葉，曬軟。攤開菜心更曬，内外俱軟。用炒鹽疊一二日，晾乾，入罈。一層菜，一層茴香、椒末，按實，用醋灌滿。三四十日可用。醋亦不必甚釃者。各菜俱可做。

薑醋白菜

嫩白菜，去邊葉，洗净，曬乾。止取頭刀、二刀，鹽醃，入罐。淡醋、香油煎滚，一層菜，一層薑絲，潑一層油醋。封好。

覆水辣芥菜

芥菜，只取嫩頭細葉長一二寸及丫内小枝，曬十分乾。炒鹽挐挐透。加椒、茴末拌勻，入甕按實。香油澆滿罐口，或先以香油拌勻更妙，但嫌累手故耳。俟油沁下菜面，或再斟酌加油，俟沁透，用箬蓋面，竹簽十字撐緊。將罐覆盆内，俟油瀝下七八，油仍可用。另用盆水覆罐口，入水一二寸。每日一換水，七日取起。覆罐乾處，用紙收水跡。包好，泥封。入夏取出，翠色如生。切細，好醋澆之，鮮辣，醒酒佳品也。冬做夏供，夏做冬供。春做亦可。

撒拌和菜法

麻油加花椒，熬一二滚，收貯。用時取一碗，入醬油、醋、白糖少許，調和得宜。凡諸菜宜油拌者，入少許，絶妙。白菜、豆芽菜、水芹菜俱須滚湯焯熟，入冷湯漂過，摶乾入拌。菜色青翠，脆而可口。

細拌芥

十月，採鮮嫩芥菜，細切，入湯一焯即撈起。切生萵苣。熟香油、芝麻、飛鹽拌勻入甕，三五日可吃。入春不變。

糟菜

臘糟壓過頭酒、未出二酒者，每斤拌鹽四兩，罈封聽用。好白菜洗凈，曬乾，切二寸許段，止用一二刀，除葉不用。以椒鹽細末摻菜上。每段用大葉一二片包裹入罈。每菜二斤，糟一斤。一層菜，一層糟。封好。月餘取用。

或先以糟及菜疊淺盆内，隔日翻騰。待熟，方用葉包，疊糟入罈收貯。亦得法。

十香菜

苦瓜去白肉，用青皮，鹽醃，曬乾，細切十斤，伏天製。冬菜去老皮，用心，曬乾，切十斤，生薑切細絲五斤，小茴五合炒，陳皮切細絲五錢，花椒二兩炒，去梗、目，香菜一把切碎，製杏仁一升，砂仁一錢，甘草、官桂各三錢共爲末，裝袋内，入甜醬醬之。

水芹

水芹菜肥嫩者，晾去水氣，入醬，取出，薰過，妙。

拌肉煮或菜油炒，俱佳。

又

滚水焯過，入罐。煎油、醋、醬油潑之。加芥末，妙。

或鹽湯焯過，曬乾，入茶供，亦妙。

油椿

香椿洗净，用醬油、油、醋入鍋煮過，連汁貯瓶用。

淡椿

椿頭肥嫩者，淡鹽挐過，薰之。

附禁忌

赤芥有毒，食之殺人。

三月食陳菹，至夏生熱病惡瘡。

十月食霜打黄葉，凡諸蔬菜葉。令人面枯無光。

簷滴下菜，有毒。

王瓜乾

王瓜，去皮劈開，挂煤火上易乾。南方則竈側及炭爐畔。染坊瀝過淡灰，曬乾，用以包藏生王瓜、茄子，至冬月如生，可用。

醬王瓜

王瓜，南方止用醃菹，一種生氣，或有不喜者。唯入甜醬醬過，脆美勝於諸瓜。固當首列《月令》，不愧隆稱。

食香瓜

生瓜切作碁子，每斤鹽八錢，加食香同拌，入缸醃一二日，取出控乾。復入鹵，夜浸日曬，凡三次，勿太乾。裝罈聽用。

上黨甜醬瓜

好麪，用滚水和大塊，蒸熟，切薄片。上下草蓋，一二七發黄。日曬夜收，乾了磨細麵，聽用。大瓜三十斤，去瓤，用鹽一百二十兩，醃二三日取出，曬去水氣，將鹽汁亦曬日許，佳。拌麵入大罈，一層瓜，一層麵。紙箬密封，烈日轉曬，從伏天至九月。計已熟，將好茄三十斤、鹽三十兩醃三日。開罈，將瓜取出，入茄罈底，壓瓜于上，封好。食瓜將盡，茄已透。再用醃薑量入。

醬瓜茄

先以醬黄鋪缸底一層，次以鮮瓜茄鋪一層，加鹽一層，又下醬黄，層層間疊。五七宿，烈日曬好，入罈。欲作乾瓜，取出曬之。不用鹽水。

瓜　齏

生菜瓜，每斤隨瓣切開，去瓤，入百沸湯焯過，用鹽五兩擦、醃過。豆豉末半斤，釅醋半斤，麵醬斤半，馬芹、川椒、乾薑、陳皮、甘草、茴香各半兩，蕪荑二兩，共爲細末，同瓜一處拌勻，入甕按實。冷處頓放，半月後熟，瓜色明透如琥珀，味甚香美。

附禁忌

凡瓜兩鼻兩蒂，食之殺人。

食瓜過傷，即用瓜皮煎湯解之。

伏　薑

伏月，薑醃過，去鹵，加椒末、紫蘇、杏仁，醬油拌勻，曬乾，入罈。

糖　薑

嫩薑一斤，湯煮，去辣味過半。砂糖四兩，煮六分乾，再換糖四兩。如嫌味辣，再換糖煮一次，或只煮一次，以後蒸頓皆可。略加梅鹵，妙。剩下糖汁，可別用。

五美薑

嫩薑一斤切片，白梅半斤，打碎去仁。炒鹽二兩，拌勻，曬三日。次入甘松一錢、甘草五錢、檀香末二錢拌勻，曬三日，收貯。

糟　薑

薑一斤，不見水，不損皮，用乾布擦去泥，秋社日前曬半乾。一斤糟、五兩鹽急拌勻，裝罈。

又急就法

社前嫩薑，不論多少，擦净，用酒和糟、鹽拌勻入罈，上加沙糖一塊，箬葉包口，泥封，七月可用。

法製伏薑

薑不宜日曬，恐多筋絲。加料浸後曬，則不妨。

薑四斤，剖去皮，洗净晾乾，貯磁盆。入白糖一斤，醬油二斤，官桂、大茴、陳皮、紫蘇各二兩，細切拌勻。初伏曬起，至末伏止收貯。曬時用稀紅紗罩，勿入蠅子。此薑神妙，能治百病。

法製薑煎

鹽水沸湯八升，入鹽三斤，打勻，隔宿去脚，梅水白梅半斤搥碎，入少水和浸，二水和合頓，貯。逐日采牽牛花，去白蒂，投入，候水色深濃，去花。嫩薑十斤勿見水，拭去紅衣，切片。白鹽五兩、白礬五兩，沸湯五碗化開，澄清浸薑。置日影邊，微曬二日，撈出晾乾。再入鹽少許拌勻。入前鹽梅水內，烈日曬乾，候薑上白鹽凝燥爲度。入器收貯。

醋　薑

嫩薑鹽醃一宿，取鹵同米醋煮數沸，候冷，入薑，量加沙糖，封貯。

糟　薑

嫩薑，晴天收，陰乾四五天，勿見水。用布拭去皮。每斤用鹽一兩、糟三斤，醃七日，取出拭净。另用鹽二兩、糟五斤拌匀，入别甕。先以核桃二枚搥碎，置罐底，則薑不辣。次入薑、糟，以少熟栗末摻上，則薑無渣。封固，收貯。如要色紅，入牽牛花拌糟。

附禁忌

妊婦食乾薑，胎内消。

熟醬茄

霜後茄，蒸過，壓乾，入醬油浸，十日可用。

糟茄

訣曰：五糟五斤也六茄六斤也鹽十七十七兩，一碗河水水四兩甜如蜜。做來如法收藏好，吃到明年七月七二日即可供。霜天小茄肥嫩者，去蒂萼，勿見水，用布拭净，入磁盆，如法拌匀。雖用手，不許揉挐。三日後，茄作緑色。入罈，原糟水澆滿，封半月，可用。色翠緑，内如黄蚋色，佳味也。

又

中様晚茄，水浸一宿，每斤鹽四兩，糟一斤。

蝙蝠茄 味甜

霜天小嫩黑茄，用籠蒸一炷香，取出壓乾。入醬一日，取出，晾去水氣，油炸過，白糖、椒末層疊裝罐，原油灌滿。油炸後，以梅油拌潤更妙。梅油即梅鹵。

茄乾

去皮生曬易黴。挂煤炭火傍，俟乾，妙。

梅糖茄

蒸過，壓乾，切小象眼塊。白糖重疊入罐，梅鹵灌滿。

香　茄

嫩茄切三角塊，滚湯焯過，稀布包榨乾。鹽醃一宿，曬乾。薑、橘、紫蘇絲拌匀，滚糖醋潑。曬乾，收貯。

山　藥

不見水，蒸爛，用筯攪如糊。或有不爛者，去之。或加糖，或略加好汁湯者，爲上。其次同肉煮。若切片或條子配入羹湯者，最下下庖也。

煮冬瓜

老冬瓜切塊，用肉汁煮，久久内外俱透，色如琥珀，味方美妙。汁多而味濃，方得如此。

煨冬瓜

老冬瓜，切下頂蓋半尺許，去瓤治净。好豬肉，或雞、鴨，或羊肉，用好酒、醬油、香料美味調和，貯滿瓜腹。竹籤三四根，仍將瓜蓋籤好。竪放灰堆内，用礱糠鋪底及四圍，窩到瓜腰以上。取竈内灰火，周圍培築，埋及瓜頂以上，煨一周時，聞香取出。切去瓜皮，層層切下供食。内饌外瓜，皆美味也。

醬麻菇

麻菇擇肥白者，洗净蒸熟。酒釀、醬油泡醉，美。

醉香蕈

揀净，水泡。熬油鍋，炒熟。其原泡出水，澄去滓，乃烹入鍋，收乾取起。停冷，用冷濃茶洗去油氣，瀝乾。入好酒釀、醬油醉之，半日味透，素饌中妙品也。

筍乾

諸鹹淡乾筍，或須泡煮，或否。總以酒釀糟糟之，味佳。

硬筍乾，用豆腐漿泡之易軟，多泡爲主。

筍粉

鮮筍老頭不堪食者，切去其尖嫩者供饌，其差老白而味鮮者，看天氣晴明，用藥刀如切極薄飲片，置净篩内曬乾。至晚不甚乾，炭火微薰。柴火有煙，不用。乾極，磨粉羅過，收貯。或調湯，或頓蛋腐，或拌臊子細肉，加入一撮，供于無筍時，何其妙也。

木耳

洗净，冷水泡一日夜。過水，煮滚，仍浸冷水内。連泡四五次，漸肥厚而鬆嫩。用酒釀、醬油拌醉爲上。

香蕈粉

整朵入饌。其碎屑揀净，或曬或烘，磨羅細粉。與筍粉、蝦米粉同用。

薰蕈

南香蕈肥大者，洗净晾乾。入醬油浸，半日取出，擱稍乾，摻茴椒細末，柏枝薰。

薰筍

鮮筍，肉湯煮熟，炭火薰乾，味淡而厚。

生筍乾

鮮筍，去老頭，兩劈。大者四劈。切二寸段。鹽揉過，曬乾。每十五斤成一斤。

淡生脯

用水焯過，曬乾。不用鹽。鹽湯焯即鹽筍矣。

素火腿

乾者洗净，籠蒸。不可煮，煮則無味。糟食，更佳。

筍鮓

早春筍，剥净，去老頭，切作寸許長、四分闊，上籠蒸熟。入椒鹽、香料拌，曬極乾，天陰炭火烘。入罈，量澆熟香油封好，久用。

鹽萵筍

萵筍，鹽醃，揉過，曬將乾，用茴香、花椒擦之，盤入罐，封口。用時以白酒泡之，味美而脆。

糟　筍

冬筍，勿去皮，勿見水，布擦净毛及土。或用刷牙細刷。用筯搠筍内嫩節，令透。入臘香糟於内，再以糟團筍外，如糟鵝蛋法。大頭向上，入罈封口泥頭。入夏用之。

醉蘿蔔

冬細莖蘿蔔實心者，切作四條。綫穿起，曬七分乾。每斤用鹽二兩醃透，鹽多爲妙。再曬九分乾，入瓶捺實，八分滿。滴燒酒澆入，勿封口。數日後，蔔氣發臭。臭過，蔔作杏黄色，甜美異常。火酒最拔鹽味，鹽少則一味甜，須斟酌。臭過，用綿縷包老香糟塞瓶上，更妙。

糟蘿蔔

好蘿蔔，不見水，擦净。每個截作兩段。每斤用鹽三兩醃過，曬乾。乾糟一斤，加鹽拌過，次入蘿蔔，又拌入瓶。此方非暴吃者。

香蘿蔔

蘿蔔切骰子塊，鹽腌一宿，曬乾。薑、橘、椒、茴末拌勻。將好醋煎滚，澆拌入磁盆，曬乾收貯。

每蔔十斤，鹽八兩。

種麻菇法

净麻菇、柳蛀屑等分，研勻。糯米粉蒸熟，搗和爲丸，如豆子大。種背陰濕地，蓆蓋，三日即生。

又

榆、柳、桑、楮、槐五木作片，埋土中，澆以米泔，數日即生，長二三寸，色白柔脆，如未開玉簪花，名雞腿菇。

一種狀如羊肚，裏黑色、蜂窩，更佳。

竹菇

竹根所出，更鮮美。熟食無不宜者。

種木菌

朽桑木、樟木、楠木，截成尺許。臘月掃爛葉，擇陰肥地，和木埋入，深畦如種菜法。入春，用米泔不時澆灌，菌出逐日灌三次，漸大如拳，取供食。木上生者，不傷人。

柳菌亦可食。

食憲鴻秘下卷

餐芳譜

凡諸花，及苗，及葉，及根，與諸野菜，佳品甚繁。採須潔净，去枯，去蛀，去蟲絲，勿誤食。製須得法，或煮，或烹，或燔，或炙，或醃，或炸，不一法。

凡食野芳，先辨汁料。每醋一大鐘，入甘草末三分、白糖一錢、熟香油半盞和成，作拌菜料頭。以上甜酸之味。或搗薑汁加入，或用芥辣。以上辣爽之味。或好醬油、酒釀，或一味糟油。以上中和之味。或宜椒末，或宜砂仁。以上開豁之味。或用油煠。鬆脆之味。

凡花菜採得，洗净，滚湯一焯即起，急入冷水漂片刻。取起，搏乾拌供，則色青翠不變，質脆嫩不爛，風味自佳。萱苗、鶯粟苗多如此。家菜亦有宜此法。他若炙煿作罏，不在此製。

果之屬

青脆梅

青梅必須小滿前採。槌碎核，用尖竹快撥去仁。不許手犯，打拌亦然。此最要訣。一法，礬水浸一宿，取出曬乾。著鹽少許瓶底，封固，倒乾去仁，攤篩内，令略乾。每梅三斤十二兩，用生甘草末四兩、鹽一斤炒，待冷、生薑一斤四兩不見水，搗細末、青椒三兩旋摘，晾乾、紅乾椒半兩揀凈一齊抄拌。仍用木匙抄入小瓶。止可藏十餘盞湯料者。先留些鹽摻面，用雙層油紙加綿紙緊紮瓶口。

白梅

極生大青梅，入磁缽，撒鹽，用手擎缽播之，不可手犯。日三播，醃透，取起，曬之。候乾，上飯鍋蒸過，再曬。是爲白梅。若一蒸後用鎚搥碎核，如一小餅，將鮮紫蘇葉包好，再蒸再曬。入瓶，一層白糖一層梅，上再加紫蘇葉，梅鹵内浸過，蒸曬過者。再加白糖填滿，封固，連瓶入飯鍋再蒸數次，名曰蘇包梅。

黄梅

肥大黄梅，蒸熟去核，净肉一斤，炒鹽三錢，乾薑末一錢，半鮮紫蘇葉曬乾二兩，甘草、檀香末隨意，共拌入磁器，曬熟收貯。加糖點湯，夏月調冰水服更妙。

烏梅

烏梅去仁，連核一斤，甘草四兩，炒鹽一兩，水煎成膏。又白糖二斤，大烏梅肉五兩用湯蒸，去澀水，桂末少許，生薑、甘草量加，搗爛入湯。

藏橄欖法

用大錫瓶，瓶口可容手出入者乃佳。將青果揀不傷損者，輕輕放入瓶底，亂投下仍要傷損。用磁盃仰蓋瓶上，盃内貯清水八分滿，淺去常加，則青果不乾亦不爛，秘訣也。

藏香橼法

用快剪子剪去梗，只留分許，以榖樹汁點好，愈久而氣不走，至妙訣也。點汁時勿沾皮上。或用白果、小芋、黃臘，俱不妙。

香橼膏

刀切四縫，腐泔水浸一伏時，入清水煮熟，去核，拌白糖，多蒸幾次，搗爛成膏。

橙餅

大橙子二斤，連皮切片，去核搗爛，加生薑一兩，切片焙乾。甘草一兩、檀香半兩，俱爲末，和作餅子，焙乾。用時，碾細末點湯。

又法：只取橙皮，搗極爛，如絞漆法絞出，拌白糖，磁盆蒸熟，切片。

又法：橙子五十枚，乾山藥蒸熟焙乾、甘草各一兩，俱爲末，白梅肉四兩，共搗爛，焙乾，印成餅。點白湯。

藏橘

松毛包橘入罈，三四月不乾。當置水碗於罈口，如藏橄欖法。

又菉豆包橘，亦久不壞。

醉棗

揀大黑棗，用牙刷刷浄，入臘酒釀浸，加燒酒一小盃，貯瓶封固，經年不壞。空心啖數枚佳，出路早行尤宜，夜坐讀書亦妙。

櫻桃乾

大熟櫻桃去核，白糖層疊，按實磁罐，半日傾出糖汁，砂鍋煎滚，仍澆入，一日取出。鐵篩上加油紙攤匀，炭火焙之，色紅取下。其大者兩個鑲一個，小者三四個鑲一個，日色曬乾。

桃乾

半生桃蒸熟，去皮核，微鹽摻拌，曬過。再蒸再曬。候乾，白糖疊瓶，封固。飯鍋頓三四次，佳。

醃柿子

秋柿半黄，每取百枚，鹽五六兩，入缸醃下。春取食，能解酒。

醎杏仁

京師甜杏仁，鹽水浸拌，炒燥，佐酒甚香美。

酥杏仁

苦杏仁泡數次，去苦水，香油煠浮，用鐵絲杓撈起，冷定，脆美。

桑　葚

多收黑桑葚，曬乾，磨末，蜜丸。每晨服六十丸，反老還童。桑葚熬膏更妙，久貯不壞。

枸杞餅

深秋摘紅熟枸杞，蒸熟，略加白梅鹵拌潤。用山藥、茯苓末，加白糖少許，搗和成劑，再蒸過，印餅。

枸杞膏 桑葚膏同法

多採鮮枸杞，去蒂，入净布袋內，榨取自然汁，砂鍋慢熬，將成膏，加滴燒酒一小杯，收貯，經年不壞。或加煉蜜收，亦可。須當日製就，如隔宿則酸。

天　茄

鹽焯、糖製，俱供茶。醬、醋焯拌，供饌。

素　蟹

新核桃，揀薄殼者擊碎，勿令散，菜油熬炒，用厚醬、白糖、砂仁、茴香、酒漿少許調和，入鍋燒滾。此尼僧所傳下酒物也。

桃　漉

爛熟桃納甕，蓋口七日，漉去皮、核，密封二十七日，成鮓，香美。

藏桃法

五日煮麥麵粥糊，入鹽少許，候冷入甕。取半熟鮮桃，納滿甕内，封口。至冬月如生。

桃潤

三月三日，取桃花，陰乾爲末。至七月七日，取烏雞血和，塗面，光白潤澤如玉。

食圓眼

圓眼用針針三四眼於殼上，水煮一滾取食，則肉滿而味不走。

杏漿 李同法

熟杏研爛，絞汁，盛磁盤，曬乾收貯。可和水飲，又可和麵用。

鹽李

黄李鹽挼，去汁曬乾，去核復曬乾。用時，以湯洗净薦酒，佳。

嘉慶子

朱李也。蒸熟曬乾，糖藏、蜜浸或鹽醃，曬乾，皆可久。

糖楊梅

每三斤，用鹽一兩，醃半日，重湯浸一夜，控乾。入糖二斤，薄荷葉一大把，輕手拌匀，曬乾收貯。

又

臘月水同薄荷一握、明礬少許入甕。投浸枇杷、林檎、楊梅，顏色不變，味涼可食。

栗子

炒栗，以指染油逐枚潤，則膜不粘。

風栗，或袋或籃，懸風處，常撼播之，不壞易乾。

圓眼、栗同筐貯，則圓肉潤而栗易乾。

熟栗入糟糟之，下酒，佳。

風乾生栗，入糟糟之，更佳。

栗洗净入鍋，勿加水，用油燈草三根圈放面上，只煮一滚，久悶，甜酥易剥。

油拌一個，醬拌一個，酒浸一個，鼎足置鑊底，栗香妙。

採栗時須披殘其枝，明年子益盛。

糟地栗

地栗帶泥封乾，剥净入糟，下酒物也。

魚之屬

魚鮓

大魚一斤，切薄片，勿犯水，布拭净。夏月用鹽一兩半，冬月一兩，醃食頃，瀝乾，用薑、橘絲，蒔蘿、葱、椒末，拌匀，入磁罐撳實。箬蓋，竹簽十字架定。覆罐，控鹵盡，即熟。

或用紅麴、香油，似不必。

魚餅

鮮魚取脅，不用背，去皮骨净。肥豬取膘，不用精。每魚一斤，對膘脂四兩，雞子清十二個。魚、肉先各剁，肉内加鹽少許。剁八分爛，再合剁極爛，漸加入蛋清剁匀。中間作窩，漸以涼水杯許加入，作二三次。則刀不粘而味鮮美。加水後，急剁不住手，緩則餅懈，加水、急剁，二者要訣也。剁成，攤平。鍋水勿太滾，滾即停火。劃就方塊，刀挑入鍋。笊籬取出，入涼水盆内。斟酌湯味下之。

鯽魚羹

鮮鯽魚治净，滚湯焯熟。用手撕碎，去骨净。香蕈、鮮筍切絲，椒、酒下湯。

風　魚

臘月鯉魚或大鯽魚，去腸勿去鱗，治净拭乾。炒鹽遍擦内外，醃四五日，用碎葱、椒、蒔蘿、豬油、好酒拌勻，包入魚腹，外用皮紙包好，麻皮紮定，挂風處。用時，慢火炙熟。

去魚腥

煮魚，用木香末少許，則不腥。

洗魚，滴生油一二點，則無涎。

凡香櫞、橙、橘、菊花及葉，採取搥碎，洗魚至妙。

凡魚外腥多在腮邊、鬐根、尾椳，内腥多在脊血、腮裏。必須于生剖時，用薄荷、胡椒、紫蘇、葱、礬等末擦洗内外極净，則味鮮美。

煮魚法

凡煮河魚，先下水乃燒，則骨酥。江海魚，先滚汁，次下魚，則骨堅易吐。

酥鯽

大鯽魚治净，醬油和酒漿入水，紫蘇葉大撮、甘草些少，煮半日，熟透，味妙。

炙魚

鱭魚新出水者，治净。炭火炙十分乾，收藏。

一法，去頭尾，切作段，用油炙熟。每段用箬間，盛瓦罐，泥封。

酒發魚

大鯽魚净，去鱗、眼、腸、腮及鬐尾，勿見水。用清酒脚洗，用布抹乾。裹面用布紮筋頭，細細搜抹净。神麯、紅麯、胡椒、川椒、茴香、乾薑諸末各一兩，拌炒鹽二兩，裝入魚腹，入罎。上下加料一層，包好，泥封。臘月造下，燈節後開，又番一轉，入好酒浸滿，泥封。至四月方熟。可留一二年。

暴醃糟魚

臘月鯉魚，治净，切大塊，拭乾。每斤用炒鹽四兩擦過，醃一宿，洗净，晾乾。用好糟一斤、炒鹽四兩拌匀，裝魚入甕，箬包泥封。

蒸鰣魚

鰣魚去腸不去鱗，用布抹血水净，花椒、砂仁、醬擂碎，加白糖、豬油同擂，妙。水酒、葱和，錫鏇蒸熟。

魚醬法

魚一斤，碎切洗净，炒鹽三兩，花椒、茴香、乾薑各一錢，神麴二錢，紅麴五錢，加酒和匀，入磁瓶封好。十日可用。用時加葱屑少許。

黑　魚

泡透，肉絲同炒。

乾銀魚

冷水泡展。滚水一過，去頭。白肉湯煮許久，入酒，加醬、薑，熱用。

鯉鮓

鯉一斤，鹽一兩，醃一伏時。再洗净控乾，布包石壓。薑、橘絲五錢，鹽一錢，葱五分，椒三十粒，酒一大盞，飯糝即炒米一合，磨粉，酒釀糟，更妙。拌勻入瓶，十日可供。

魚鮓同法。

蝦乳 即蝦毬

法與魚餅同。其不同者，蝦與豬膘對配，蛋清止用五六個。乳成，加豆粉，薄調，入少許，不用生水，即手稍歇亦可。

醃蝦

鮮河蝦，不犯水，剪去鬚尾。每斤用鹽五錢，醃半日，瀝乾。碾粗椒末灑入，椒多爲妙。每斤加鹽二兩拌勻，裝入罈。每斤再加鹽一兩於面上，封好。用時取出，加好酒浸半日，可食。如不用，經年色青不變，但見酒則化速而易紅敗也。

一方：純用酒浸數日，酒味淡則換酒。用極醇酒乃妙。用加醬油。冬月醉下，久留不敗。忌見火。

曬紅蝦

蝦用鹽炒熟，盛籮内，用井水淋洗去鹽，曬乾，紅色不變。

脚　魚

同肉湯煮。加肥雞塊同煮，更妙。

水雞臘

肥水雞，只取兩腿，用椒、料酒、醬和濃汁浸半日，炭火緩炙乾，再蘸汁再炙，汁盡，抹熟油再炙，以熟透發鬆爲度。烘乾瓶貯，久供。色黄勿焦爲妙。

臊子蛤蜊

水煮去殼。切豬肉精、肥各半作小骰子塊，酒拌，炒半熟。次下椒、葱、砂仁末、鹽、醋和勻，入蛤蜊同炒一轉。取前煮蛤蜊原湯澄清，烹入，不可太多。滾過取供。加韭芽、筍、茭白絲拌炒，更妙。略與炒腰子同法。

醉蝦

鮮蝦揀净入瓶，椒、薑末拌勻，用好酒頓滾，潑過。食時加鹽醬。又將蝦入滾水一焯，用鹽撒上拌勻，加酒取供。入糟即爲糟蝦。

酒魚

冬月大魚，切大片。鹽挐，曬微乾。入罈，滴燒酒灌滿，泥口。來歲三四月取用。

甜蝦

河蝦滾水焯過，不用鹽，曬乾取用，味甘美。

蝦鬆

蝦米揀净，温水泡開，下鍋微煮，取起。鹽少許，醬并油各半，拌浸。用蒸籠蒸過，入薑汁併加些醋。恐鹹，可不必用鹽。蝦小微蒸，蝦大多蒸，以入口虛鬆爲度。

淡　菜

淡菜極大者，水洗剔净，蒸過，酒釀糟下，妙。

一法：治净，用酒釀、醬油停對，量入熟豬油、椒末，蒸三炷香。

土　蛈

白漿酒换泡，去鹽味。换入酒漿，加白糖，妙。

要無沙而大者。

醬鰒魚

自水泡煮，去皺皮。用醬油、酒漿、茴香煮用。

又法：治净，煮過。用好豆腐，切骰子大塊，炒熟，乘熱撒入鰒魚，拌匀，酒釀一烹，脆美。

海　參

海參爛煮固佳，糟食亦妙，拌醬炙肉末爲不可。只要泡洗極净，兼要火候。

照鰒醬法，亦佳。

蝦米粉

蝦米不論大小，白色透明者味鮮。若多一分紅色，即多一分腥氣。取明白蝦米，烘燥，研細粉，收貯。入蛋腐，及各種煎炒煮會細饌加入，極妙。

鮝粉

寧波淡白鮝真黄魚一日曬乾者洗净，切塊蒸熟，剥肉細剉，取骨，酥炙，焙燥，研粉。如蝦粉用。其鹹味黄枯鮝不堪用。

薫鯽

鮮鯽治極净，拭乾。用甜醬醬過一宿，去醬净，油烹，微晾，茴、椒末揩匀，柏枝薫之。

紫蔗皮、荔殼、松殼碎末薫，更妙。

不拘鮮魚，切小方塊，同法，亦佳。

凡鮮魚治净，醬過，上籠蒸熟，薫之，皆妙。

又鮮魚入好肉湯煮熟，微晾，椒茴末擦薰，妙。

糟魚 臘月製

鮮魚治净，去頭尾，切方塊。微鹽醃過，日曬，收去鹽水跡。每魚一斤，用糟半斤、鹽七錢、酒半斤，和匀入罈，底面須糟多，封好，三日傾到一次，一月可用。

海蜇

海蜇洗净，拌豆腐煮，則澀味盡而柔脆。

切小塊，酒釀、醬油、花椒醉之，妙。糟油拌，亦佳。

鱸魚膾

吳郡八九月霜下時收鱸，三尺以下劈作鱠，水浸，布包瀝水盡，散置盆内。取香柔花葉相間細切，和膾拌匀。霜鱸肉白如雪，且不作腥，謂之金齏玉鱠，東南佳味。

蟹

醬蟹糟蟹醉蟹精秘妙訣

製蟹要訣有三：其一雌不犯雄，雄不犯雌，則久不沙；其一酒不犯醬，醬不犯酒，則久不沙；酒、醬合用，止供旦夕。其一必須全活，螯足無傷。忌嫩蟹。忌火照。或云製時逐個火照過，則又不沙。

上品醬蟹

大罈内悶醬味厚而甜。取活蟹，每個用麻絲纏定，以手撈醬，搪蟹如泥團，裝入罈，封固。兩月開，臍殼易脱，可供。如剥之難開，則未也，再候之。此法醬厚而凝密，且一蟹自爲一蟹，又止吸甜醬精華，風味超妙殊絶。食時用酒洗醬，醬仍可用。

糟蟹 用酒漿糟。味雖美，不耐久

三十團臍不用尖，老糟斤半半斤鹽。好醋半斤斤半酒，八朝直吃到明年。

蟹臍内每個入糟一撮。罈底鋪糟一層，再一層蟹一層灌滿，包口。即大尖臍，如法糟用，亦妙。須十月大雄，乃佳。

蟹大，量加鹽糟。

糟蟹罈上用皂角半錠，可久留。

蟹必用麻絲紮。

醉蟹

尋常醉法：每蟹用椒鹽一撮入臍，反納罈内，用好酒澆下，與蟹平，略滿亦可。再加椒粒一撮於上。每日將罈斜側轉動一次，半月可供。用酒者斷不宜用醬。

煮蟹 倪雲林法

用薑、紫蘇、橘皮、鹽同煮。纔大沸便翻，再一大沸便啖。凡旋煮旋啖，則熱而妙。啖已再煮。搗橙齏、醋供。

孟詵《食療本草》云：蟹雖消食、治胃氣、理經絡，然腹中有毒，中之或致死。急取大黄、紫蘇、冬瓜汁解之。

又云：蟹目相向者不可食。

又云：以鹽漬之，甚有佳味。沃以苦酒，通利支節。

又云：不可與柿子同食。發霍瀉。

陶隱居云：蟹未被霜者，甚有毒，以其食水莨音建也。人或中之，不即療則多死。至八月，腹内有稻芒，食之無毒。

《混俗頤生論》云：凡人常膳之間，豬無筋，魚無氣，雞無髓，蟹無腹，皆物之稟氣不足者，不可多食。

凡熟蟹劈開，於正中央紅亖外黑白翳内有蟹鰲，厚薄大小同瓜仁相似，尖棱六出，須將蟹爪挑開，取出爲佳。食之腹痛，蓋蟹毒全在此物也。

蒸蟹

蟹浸多水煮則減味。法用稻草搥軟挽匾髻入鍋，水平草面，置蟹草上蒸之，味足。

山藥、百合、羊眼豆等俱用此法。

禽之屬

鴨羹

肥鴨煮七分熟，細切骰子塊，仍入原湯，下香料、酒、醬、筍、蕈之類，再加配松仁，剥白核桃，更宜。

雞羹

肥雞白水煮七分熟，去骨，細切，一如鴨羹法。

雞鮮

肥雞細切，每五斤入鹽三兩、酒一大壺醃。過宿去鹵，加葱絲五兩，橘絲四兩，花椒末半兩，蒔蘿、茴香、馬芹各少許，紅麴末一合，酒半斤，拌勻，入罈按實，箬封。

豬、羊精肉皆同法。

鹵雞

雛雞治淨，用豬板油四兩搥爛，酒三碗、醬油一碗、香油少許、茴香、花椒、葱同雞入鏇。汁料半入腹内，半淹雞上，約浸浮四分許。用麵餅蓋鏇。用棍數根於鏇底架起，隔湯蒸熟。須勤翻看火候。

雞醢

肥雞白水煮半熟，細切。用香糟、豆粉調原汁，加醬油調和烹熟。

鵝、鴨、魚同法製。

雞豆

肥雞去骨剁碎，入鍋油炒，烹酒、撒鹽、加水後，下豆，加茴香、花椒、桂皮，同煮至乾。每大雞一隻，豆二升。

肉豆同法。

雞鬆

雞用黄酒、大小茴香、葱、椒、鹽、水煮熟。去皮、骨，焙乾。擂極碎，油拌，焙乾收貯。

肉、魚、牛等鬆同法。

粉　雞　即名搥雞，自是可口，然用意太過。

雞胸肉，去筋、皮，横切作片。每片搥軟，椒、鹽、酒、醬拌，放食傾，入滚湯焯過取起，再入美汁烹調。鬆嫩。

蒸　雞

嫩雞治净，用鹽、醬、葱、椒、茴香等末匀擦，醃半日。入錫鏇蒸一炷香，取出斯碎去骨，酌量加調滋味，再蒸一炷香，味甚香美。

鵝、鴨、豬、羊同法。

爐焙雞

肥雞水煮八分熟，去骨，切小塊。鍋内熬油略炒，以盆蓋定。另鍋極熱酒、醋、醬油相半，香料并鹽少許烹之。候乾，再烹。如此數次，候極酥極乾，取起。

煮老雞

豬胰一具，切碎，同煮，以盆蓋之，不得揭開，約法爲度，則肉軟而佳。鵝、鴨同。

或用櫻桃葉數片，老鵝同。或用錫糖兩三塊，或山查數枚，皆易酥。鵝同。

飩 鴨

肥鴨治净，去水氣盡。用大葱斤許，洗净，摘去葱尖，搓碎，以大半入鴨腹，以小半鋪鍋底。醬油一大碗、酒一中碗、醋一小盃，量加水和匀，入鍋。其汁須灌入鴨腹，外浸起，與鴨平。稍浮亦可。。上鋪葱一層，核桃四枚，擊縫勿令散，排列葱上，勿没汁内。大鉢覆之，綿紙封鍋口，文武火煮三次，極爛爲度。葱亦極美。即葱燒鴨。

雞、鵝同法。但鵝須加大料，綿縷包料入鍋。

讓 鴨

鴨治净，脅下取孔，將腸雜取盡。再加治净，精製豬油餅子劑入滿。外用茴、椒、大料塗滿。箬片包紮固。入鍋，鉢覆，同飩鴨法飩熟。

鐔 鵝

鵝煮半熟，細切。用薑、椒、茴香諸料裝入小口鐔内，一層肉，一層料，層層按實。箬葉紮口極緊。入滾水煮爛。破鐔，切食。

豬蹄及雞同法。

封鵝

鵝治净，内外抹香油一層。用茴香、大料及葱實腹，外用長葱裹纏，入錫罐，蓋住。罐高鍋内，則覆以大盆或鐵鍋。重湯煮，俟筋扎入透底爲度。鵝入罐，通不用汁，自然上升之氣，味凝重而美。吃時再加糟油或醬醋隨意。

製黄雀法

肥黄雀，去毛、眼净。令十許歲童婢以小指從尻挖雀腹中物盡，雀肺若聚得碗許，用酒漂净，配筍芽、嫩蕫、美料、酒、醬烹之，真佳味也。入豆豉亦妙。用淡鹽酒灌入雀腹，洗過瀝净。一面取豬板油，剥去筋膜，搥極爛，入白糖、花椒、砂仁細末、飛鹽少許，斟酌調和，每雀腹中裝入一二匙，將雀入磁鉢，以尻向上，密比藏好；一面備臘酒釀、甜醬油，葱、椒、砂仁、茴香各粗末，調和成味。先將好菜油熱鍋熬沸，次入諸味煎滚，舀起潑入鉢内。急以磁盆覆之。候冷，另用一鉢，將雀搬入，上層在下，下層在上，仍前裝好。取原汁入鍋，再煎滚，舀起潑入，蓋好。候冷，再如前法潑一遍。則雀不走油而味透。將雀裝入小罈，仍以原汁灌入，包好。若即欲供食，取一小瓶，重湯煮一頃，可食。如欲久留，則先時止須潑兩次，臨時用重湯煮數刻便好。雀鹵留頓蛋或炒雞脯，用少許，妙絶。

卵之屬

糟鵝蛋

三白酒糟，用椒鹽、橘皮製就者，每糟一大罈，埋生鵝蛋二枚。多則三枚。再多，便不熟，味亦不佳。一年黄、白渾，二年如粗沙糖，未可食。三年則凝實可供。

百日内糟鵝蛋

新釀三白酒初發漿，用麻綫絡著鵝蛋挂竹棍上，横掙酒缸口，浸蛋入酒漿内。隔日一看，蛋殼碎裂如細哥窯紋，取起。抹去碎殼，勿損内衣。預製酒釀糟，多加鹽拌匀。用糟搪蛋上，厚倍之，入罈。一大罈可糟二十枚。兩月餘可供。初出三白漿時，若觸破蛋汁，勿輕嘗。嘗之辣甚，舌腫。酒釀糟後，拔去辣味，沁入甜味，佳。

醬煨蛋

雞、鴨蛋煮六分熟，用筯擊殼細碎，甜醬攙水，桂皮、川椒、茴香、葱白一齊下鍋，煮半個時辰，澆燒酒一盃。

雞、鴨蛋同金華火腿煮熟，取出，細敲碎皮，入原汁再煮一二炷香，味甚鮮美。剥去殼薰之，更妙。

蛋　腐

凡頓雞蛋，須用一雙筯打數百轉方妙。勿用水，只以酒漿、醬油及提清鮮汁或醬燒肉美汁調和代水，則味自妙。入香蕈、蝦米、鮮筍諸粉，更妙。頓時架起碗底，底入水止三四分。上蓋淺盆，則不作蜂窠。

食魚子法

鯉魚子剥去血膜，用淡水加酒漂過，生絹瀝乾，置砂缽。入雞蛋益數枚，同白用亦可。用錘擂碎，不辨顆粒爲度。加入蝦米、香蕈粉妙。胡椒、花椒、葱、薑研末，浸酒，再研，澄去料渣，入醬油、飛鹽少許，斟酌酒、醬鹹淡多少，拌勻，入錫鏇蒸熟，取起，刀劃方塊。味淡，量加醬油，抹上，次以熬熟香油抹上。如已得味，止抹熟油。松毬、荔子殼爲末，薰之。

蒸熟後煎用，亦妙。

皮蛋

雞蛋百枚，用鹽十兩，先以濃茶潑鹽成鹵。將木炭灰一半，蕎麥稭灰、柏枝灰共一半，和成泥，糊各蛋上。一月可用。清明日做者佳。

鴨蛋秋冬日佳，以其無空頭也。夏月蛋，總不堪用。

醃蛋

先以冷水浸蛋一二日。每蛋一百，用鹽六七合，調泥糊蛋入缸，大頭向上。天陰易透，天晴稍遲。遠行用灰鹽，取其輕也。

醃蛋下鹽分兩：雞蛋每百用鹽二斤半，鵝蛋每百鹽六斤四兩，鴨蛋每百用鹽三斤十二兩。

肉之屬

蒸臘肉

臘豬肘洗净，煮過，換水又煮，又換，凡數次。至極净極淡，入深錫鏇，加酒漿、醬油、花椒、茴香、長葱蒸熟。陳肉而別有鮮味，故佳。蒸後易至還性，再蒸一過，則味定。

凡用椒、茴，須極細末，量入。否則，止用整粒，綿縷包，候足，取出。最忌粗屑。

煮陳臘肉，油哮氣者，將熟，以燒紅炭數塊淬入鍋内，則不油蒨氣。

金華火腿

用銀簪透入内，取出，簪頭有香氣者真。

醃法：每腿一斤，用炒鹽一兩或八錢。草鞋搥軟，套手，恐熱手著肉則易敗。止擦皮上，凡三五次，軟如綿，看裏面精肉鹽水透出如珠爲度。則用椒末揉之，入缸，加竹栅，壓以石。旬日後，次第翻三五次，取出，用稻草灰層疊疊之。候乾，挂厨近煙處，松柴煙薰之，故佳。

醃臘肉

每肉一斤，鹽八錢，擦透。三日倒疊一次。二旬後，用醋同醃菜鹵煮熟。候乾，洗净，挂起晾乾。妙。

臘肉

肉十斤，切作二十塊。鹽八兩、好酒二斤和勻，擦肉，令如綿軟。大石壓十分乾。剩下鹽、酒調糟塗肉。篾穿，挂風處。妙。

又法：肉十斤。鹽二十兩，煎湯，澄去泥沙。置肉於中，二十日取出，挂風處。

一法：夏月醃肉，須切小塊，每塊約四兩。炒鹽灑上，勿用手擦，但擎鉢顛簸，軟爲度。石壓之，去鹽水，乾，挂風處。

一法：醃就小塊肉，浸菜油罈內，隨時取用。不臭不蟲，經月如故。油仍無礙。

一法：臘腿醃就，壓乾，挂土穴内，松柏葉或竹葉燒煙薰之。兩月後，煙火氣退，肉香妙。

千里脯

牛、羊、豬、鹿等同法。去脂膜净，止用極精肉。米泔浸洗極净，拭乾。每斤用醇酒二盞，醋比酒十分之三，好醬油一盞，茴香、椒末各一錢，拌一宿。文武火煮乾，取起，炭火慢炙。或用曬，堪久。嘗之，味淡再塗塗醬油炙之。或不用醬油，止用飛鹽四五錢。然終不及醬油之妙。并不用香油。

牛脯

牛肉十斤，每斤切四塊。用葱一大把，去尖，鋪鍋底，加肉於上。肉隔葱則不焦，且解羶。椒末二兩、黄酒十瓶、清醬二碗、鹽二斤，疑誤，酌用可也。加水，高肉上四五寸，覆以砂盆，慢火煮，至汁乾取出。臘月製，可久。

再加醋一小盃。

兔脯同法。加胡椒、薑。

鯗肉

寧波上好淡白鯗，寸剉，同精肉炙乾，上簍。長路可帶。

肉餅子

精豬肉，去净筋膜，勿帶骨屑，細切，剁如泥。漸剁，加水，并砂仁末、葱屑，量入酒漿、醬油和匀，做成餅子。入磁碗，上覆小碗，飯鍋蒸透熟，取入汁湯，則不走味，味足而鬆嫩。如不做餅，只將肉劑用竹箬浸軟包數層，紮好置酒飯甑內。初濕米上甑時，即置米中間，蒸透取出。第二甑飯，再入蒸之。味足而香美。或再切片油煎，亦妙。

套腸

豬小腸肥美者，治净，兩條套爲一條，入肉汁煮熟。斜切寸斷，伴以鮮筍、香蕈汁湯煮供，風味絶佳。以香蕈汁多爲妙。

煮熟，臘酒糟糟用，亦妙。

騎馬腸

豬小腸。精製肉餅生劑，多加薑、椒末，或純用砂仁末。裝入腸内，兩頭紮好。肉湯煮熟，或糟用，或下湯，俱妙。

薰　肉

紫甘蔗皮，曬乾，細剉，薰肉，味甜香美，皮冷終脆不硬，絶佳。柏枝薰之，亦妙。

川豬頭

豬頭治净，水煮熟，剔骨切條。用砂糖、花椒、砂仁、橘皮、好醬拌勻，重湯煮極爛，包紮，石壓，糟用。

小暴醃肉

豬肉切半斤大塊，用炒鹽，以天氣寒熱增減，椒、茴等料并香油，揉軟，置陰處晾着，聽用。

煮豬肚肺

肚肺最忌油。油爆縱熟不酥，惟用白水、鹽、酒煮。煮肚，略投白礬少許，緊小堪用。

煮豬肚

治肚須極净。其一頭如臍處，中有積物，要擠去，漂净，不氣。鹽、水、白酒煮熟。預鋪稻草灰於地，厚一二寸許，取肚乘熱置灰上，瓦盆覆緊。隔，肚厚加倍。入美汁再煮爛。

一法：以紙鋪地，將熟肚放上，用好醋噴上，用缽蓋上。候一二時取食，肉厚而鬆美。

肚髒，用沙糖擦，不氣。

肺　羹

豬肺治净，白水漂浸數次，血水盡。用白水、鹽、酒、葱、椒煮，將熟，剥去外衣，除肺管及諸細管，加松仁、鮮筍，切骰子塊，香蕈細切，入美汁煮。佳味也。

夏月煮肉停久

每肉五斤，用胡荽子一合、酒醋各一升、鹽三兩、葱、椒，慢火煮，肉佳。置透風處。

一方：單用醋煮，可留十日。

收放薰肉

大缸一個，潔浄，置大罈燒酒於缸底，上加竹篾，貯肉篾上，紙糊缸口。用時取出，不壞。

爨豬肉

精肉切片，乾粉揉過，葱、薑、醬油、好酒同拌，入滾汁爨，出再加薑汁。

肉　丸

純用豬肉肥膘，同乾粉、山藥爲丸蒸熟，或再煎。

骰子塊 陳眉公方

豬肥膘，切骰子塊。鮮薄荷葉鋪甑底，肉鋪葉上，再蓋以薄荷葉，籠好蒸透。白糖、椒鹽摻滾。畏肥者，食之亦不油氣。

肉生法

精肉切薄片，用醬油洗净，猛火入鍋爆炒，去血水，色白爲佳。取出，細切絲，加醬瓜絲、橘皮絲、砂仁、椒末沸熟，香油拌之。臨食，加些醋和匀，甚美鮮。筍絲、芹菜焯熟同拌，更妙。

炒腰子

腰子切片，背界花紋，淡酒浸少頃，入滚水微焯，瀝起，入油鍋爆炒，加葱花、椒末、薑屑、醬油、酒及些醋烹之，再入韭芽、筍絲、芹菜，俱妙。

腰子煮熟，用酒釀糟糟之，亦妙。

炒羊肚

羊肚治净，切條。一邊滚湯鍋，一邊熱油鍋。將肚用笊籬入湯鍋一焯即起，用布包紐乾，急落油鍋内炒。將熟，如炒腰子法加香料，一烹即起，脆美可食。久恐堅韌。

夏月凍蹄膏

豬蹄治净，煮熟，去骨，細切。加化就石花一二杯，入香料，再煮爛。入小口瓶內，油紙包紮，挂井內，隔宿破瓶取用。北方有冰可用，不必挂井內。

薰羹

純用金華火腿皮，煮熟剥下。或薰腫皮切細條，配以香蕈、韭菜、鮮筍絲、肉湯下之，風味超然。

合鮓

肉去皮切片，煮爛。又鮮魚煮，去骨，切塊。二味合入肉湯，加椒末各料調和。北方人加豆粉。

柳葉鮓

精肉二斤，去筋膜，生用。又肉皮三斤，滚水焯過，俱切薄片。入炒鹽二兩、炒米粉少許，多則酸。拌匀，箬葉包緊。每餅四兩重。冬月灰火焙三日用，夏天一週時可供。

醬肉

豬肉治净，每斤切四塊，用鹽擦過。少停，去鹽，布拭乾，埋入甜醬。春秋二三日，冬六七日，取起去醬，入錫罐，加葱、椒、酒，不用水，封蓋。隔湯慢火煮爛。

造肉醬法

精肉四斤，勿見水，去筋膜，切碎，剁細。甜醬一斤半，飛鹽四兩，葱白細切一碗，川椒、茴香、砂仁、陳皮爲末各五錢。用好酒合拌如稠粥，入罈封固。烈日中曬十餘日。開看，乾加酒，淡加鹽，再曬。

臘月製爲妙。若夏月，須新宰好肉，衆手速成，加臘酒釀一盅。

灌肚

豬肚及小腸治净。用曬乾香蕈磨粉，拌小腸，裝入肚内，縫口。入肉汁内煮極爛。

又肚内入蓮肉、百合、白糯米，亦佳。

薏米有心，硬，次之。

熟鮓

豬腿精肉切大片，以刀背勻搥三兩次，再切細塊，滾湯一焯，用布紐乾。每斤入飛鹽四錢，砂仁、椒末各少許，好醋、熟香油拌供。

鐔羊肉

與鐔鵝同法。

煮羊肉

羊肉，熱湯下鍋，水與肉平。核桃五六枚，擊碎，勿散開，排列肉上，則羶氣俱收入桃内。滚過，换水調和。

煮老羊肉，同瓦片及二桑葉煮，易爛。

蒸羊肉

肥羊治净，切大塊，椒鹽擦遍，抖净。擊碎核桃數枚，放入肉内外，外用桑葉包一層，又用搥軟稻草包緊，入木甑按實，再加核桃數枚於上，密蓋，蒸極透。

蒸豬頭

豬頭去五臊，治極净，去骨。每一斤用酒五兩，醬油一兩六錢，飛鹽二錢，葱、椒、桂皮量加。先用瓦片磨光如冰紋，湊滿鍋内。然後下肉，令肉不近鐵。綿紙密封鍋口，乾則拖水。燒用獨柴緩火。瓦片先用肉湯煮過。用之愈久愈妙。

兔生

兔去骨，切小塊，米泔浸，捏洗净。再用酒脚浸洗漂净，瀝乾。用大小茴香、胡椒、花椒、葱花、油、酒，加醋少許，入鍋燒滚，下肉，熟用。

熊掌

帶毛者，挖地作坑，入石灰及半，放掌於内，上加石灰，涼水澆之。候發過，停冷取起，則毛易去，根即出。洗净，米泔浸一二日，用豬油包煮，復去油，斯條，豬肉同頓。

一云熊掌最難熟透。不透者食之發脹。加椒鹽末和麵裹，飯鍋上蒸十餘次，乃可食。或取數條同豬肉煮，則肉味鮮而厚。留掌條勿食，俟煮肉仍伴入，伴煮十數次乃食。留久不壞。

鹿鞭 即鹿陽

泔水浸一二日，洗净，葱、椒、鹽，酒，密器頓食。

鹿脯

米泔水浸一二日。牛脯同法。只要治净及酒醬味好。

鹿尾

麵裹，慢炙，熟爲度。鹿髓同法。麵焦屢换，𤍠去爲度。

小炒瓜齏

醬瓜、生薑、葱白、鮮筍或淡筍乾、茭白、蝦米、雞胸肉各停，切細絲，香油炒供。諸雜品腥素皆可配，只要得味。

肉絲亦妙。

老汁方

先將煮火腿湯五斤，撇去面上油膩，加鹽一斤、煮酒二注三白亦可攪勻。再入大茴、桂皮各四兩，丁香二十粒，花椒一兩，甘松、山柰不拘多少，總入一夏布袋内，放在前湯内，與雞、鴨同煮。如老汁及雞、鴨略有臭氣，加阿魏二釐。

提清汁法

好豬肉，鮮魚，鵝、鴨、雞汁。用生蝦搗爛，和厚醬，醬油提汁不清。入汁内。一邊燒火，令鍋内一邊滚泛來掠去。下蝦醬三四次，無一點浮油，方笊出蝦渣，澄定爲度。如無鮮蝦，打入雞蛋一二個，再滚，撈去沫，亦可清。

香之屬

香料

官桂　陳皮　鮮橘皮　橙皮　良薑　乾薑　生薑　薑汁　薑粉　胡椒　砂仁
川椒　花椒　地椒　辣椒　小茴　大茴　草菓　蓽撥　甘草　肉豆蔻　白芷
桂皮　紅麴　神麴　甘松　草豆蔻　檀香

凡烹調用香料，或以去腥，或以增味，各有所宜。用不得宜，反增拗味，不如清真淡致爲佳也。

白糖　黑沙糖　紫蘇　葱　元荽　蒔蘿　蒜　韭

大料

大小茴香、官桂、陳皮、花椒、肉豆蔻、草豆蔻、良薑、乾薑、草果，各五錢。紅豆、甘草，各少許。各研極細末，拌匀，加入豆豉二合，甚美。

減用大料

馬芹即元荽蓽撥小茴香，更有乾薑官桂良。再得蒔蘿二椒共，水丸彈子任君嘗。

素　料

二椒配著炙乾薑，甘草蒔蘿八角香。馬芹杏仁俱等分，倍加榧肉更爲强。

牡丹油

取鮮嫩牡丹瓣，逐瓣放開，疊則黴滑。陰乾，日曬氣走。不必太燥。陸續看，八分乾，即陸續入油。須好菜油。油不必多，勻浸花爲度。封罈日曬。過三伏，去花滓。埋土七日，加紫草少許，色更可觀。取供閨中澤髮。

用擦久枯犀杯，立潤。

玫瑰油

法與牡丹油同。

桂油同法，香更清妙，但脆髮耳。

七月澡頭

七月採瓜犀。

面脂瓜瓤，亦可作澡頭。

冬瓜内白瓤澡面，去雀班。

悦澤玉容丹

楊皮二兩去青留白、桃花瓣四兩陰乾、瓜仁五兩油者不用，共爲末。食後白湯服下，一日三服。欲白加瓜仁，欲紅加桃花。一月面白，五旬手足俱白。一方有橘皮，無楊皮。

種植

麻麥相爲候，麻黄藝麥，麥黄藝麻。禾生於棗，黍生於榆，大豆生於槐，小豆生於李，麻生於荆，大麥生於杏，小麥生予楊柳。

凡栽藝，各趨其時。棗雞口，槐兔目，桑鼃眼，榆負瘤，雜木鼠耳。栗種而不栽，柰也、林檎也栽而不種。茶茗移植則不生，杏移植則六年不遂。

黄楊

世重黄楊，以其無火。或曰以水試之，沉則無火。老也。取此木，必於陰晦夜無一星則伐之。爲枕不裂，爲梳不積垢。《埤雅》。梧桐每邊六葉。從下數，一月爲一葉，閏月則十三葉。視葉小者，即知閏何月。《月令廣義》。宋人閏月，表梧桐之葉十三，黄楊之厄一寸。黄楊一年長一寸，閏年退一寸。

食憲鴻秘附録

汪拂雲抄本

煮火腿

火腿生切片，不用皮骨，合汁生煮，或冬笥、韭芽、青菜梗心。用蛤蜊汁更佳。如無，即茭白、麻菇亦佳。略入酒漿、醬油。

又

陳金腿約六斤者，切去脚，分作兩方正塊。洗净，入鍋煮，去油膩，收起。復將清水，煮極爛爲度。臨起，仍用笥、蝦作點，名東坡腿。

熟火腿

火腿煮熟，去皮骨，切骰子塊。用酒漿、葱末、鮮笥或笥乾、核桃肉、嫩茭白，切小塊，隔湯頓一炷香。若嫌淡，略加醬油。

糟火腿

將火腿煮熟，切方塊。用好酒釀糟糟兩三日。切片取供，妙。夏天出路最宜。

又

將火腿生切骰子塊，拌燒酒。浸一宿後，將臘糟同花椒、陳皮拌入罈。冬做夏開。臨吃，連糟煨用。即風魚及上好醃魚肉，亦可如此做。罈口加麻油封固。

辣拌法

熟火腿，拆細絲，同魚翅、筍絲、芥辣拌，或加水粉、蓮肉、核桃俱可。

頓豆豉

鮮肉煮熟，切骰子塊，同豆鼓四分拌匀，再用筍塊、核桃、香蕈等配入煮，隔湯頓用，佳。

煮薰腫蹄

將清水煮去油煙氣，再用鮮肉湯煮極爛爲度。鮮筍、山藥等俱可配入。

筍幢

揀大鮮筍，用刀攪空筍節。切肉餅加鹽、砂仁拌勻，填入筍內。用竹片插口，放鍋內，糖、醬、砂仁燒透，切段。用蝦肉更妙，雞亦可。

醬蹄

十一月中，取三斤重豬腿，先將鹽醃三四日，取出。用好醬塗滿，以石壓之，隔三四日翻一轉。約醬二十日，取出。揩浄，挂有風無日處，兩月可供。洗浄蒸熟，俟冷切片用。

肉羹

用三精三肥肉煮熟，切小塊，入核桃、鮮筍、松仁等。臨起鍋，加白麵或藕粉少許。

辣湯絲

熟肉，切細絲，入麻菇、鮮筍、海蜇等絲同煮。臨起，多澆芥辣。亦可用水粉。

凍肉

用蹄爪，煮極爛，去骨。加石花菜少許，盛磁鉢。夏天挂井中，俟凍取起，糟油蘸用，佳。

百果蹄

用大蹄，煮半熟，勒開，挖去直骨，填核桃、松仁及零星皮、筋，外用綫紮。再煮極爛，撈起。俟凍，連皮糟一日夜，切片用。

琥珀肉

將好肉切方塊，用水、酒各碗半，鹽三錢，火煨極紅爛爲度。肉以二斤爲率。須用三白酒。若白酒正，不用水。

蹄卷

醃、鮮蹄各半。俟半熟，去骨，合卷，麻綫紮緊，煮極爛，冷切用。

夾肚

用壯肚，洗净。將碎肉加鹽、葱、砂仁，略加蛋青，縫口，煮熟。上下夾板，漸夾漸壓，以實爲妙。俟冷切片。或醬油，或糟油，蘸用。

花腸

小腸煮半熟，取起，纏絞成段。仍煮熟。俟冷，切片，和湯用。

脊筋

生剥外膜，肉湯煮。加以蝦肉、鴨肉亦可。

肺管

剥刮極净，煮熟。切段，和以紫菜、冬筍，入酒漿、韭芽爲妙。

羊頭羹

多買羊頭，剥皮煮爛。加酒漿、醬油、筍片、香蕈或時菜等件。醬油不可太多。蝦肉和入，更妙。臨起，量加薑絲。

羊脯

用精多肥少者，以甜醬油同酒漿，加白糖、茴香、砂仁，慢火燒。汁乾爲度。

羊肚

熟羊肚，切細絲，同筍絲煮。加燕窩、韭芽等件。盛上碗時，加芥辣，以辣多爲妙。略加薑絲亦可。

煨羊

切大塊，水、酒各半，入罈。礱糠火煨極爛，取出。復去原汁，換鮮肉湯，慢火重煮。隨意加和頭。絶無羶氣。

鹿肉

切半斤許大，漂四五日，每日換水。同肥豬肉和，燒極爛。須多用酒、茴香、椒料。以不乾不濕爲度。

又

切小薄片，用湯。隨用和頭。味肥脆。

又

每肉十斤，治净。用菜油炒過，再用酒水各半、醬斤半、桂皮五兩，煮乾爲度。臨起，用黑糖、醋各五兩，再炙乾。加茴香、椒料。

鹿鞭

泡洗極净，切段。同臘肉煮。不拘蛤蜊、麻菇皆可拌。但汁不宜太濃，酒漿、醬油須斟酌下。

鹿筋

遼東爲上，河南次之。先用鐵器鎚打，然後洗净，煮軟，撈起。剥盡衣膜及黄色皮脚。切段，净煮。筋有老嫩不一，嫩者易爛，即先取出，老者再煮。煮熟，量加酒漿和頭用。

熊掌

水泡一日夜，下磁罐頓一日夜。取出，洗刮極净，同臘肉或豬蹄爪煮極爛。入酒漿、香料，和頭隨用。

兔

燒脯與鹿肉同法。但兔肉純血，不可多洗，洗多則化。

野雞

脯、湯俱同燒鹿肉法。

肉幢雞

用豌頭嫩雞，將碎肉加料填寔，縫好。用酒漿、醬油燒透。海參、蝦肉俱可作和頭。

椎雞

嫩雞剥皮，將肉切薄片，上下用真粉搽匀，將搥輕打，以薄爲度。逐片攤開，同皮骨入清水煮熟。揀去筋骨。和頭隨用。

辣煮雞

熟雞拆細絲，同海參、海蜇煮。臨起，以芥辣沖入。和頭隨用。麻油冷拌，亦佳。

頓　雞

臘月將肥嫩雞切塊，用椒鹽少許拌勻，入磁瓶内。如遇佳客或燕賞，取出，平放錫鏇内，加豬板油及白糖、酒釀、醬油、葱花頓熟。味甘而美。

醋焙雞

將雞煮八分熟，剁小塊，熬熟油略炒，以醋、酒各半、鹽少許烹下，將碗蓋。候乾，再烹，酥熟取用。

海蛳鴨

大葱二根，先放入鴨肚内。以熟大海蛳填極滿，縫好。多用酒漿，燒極熟，整裝碗内。如無海蛳，純葱亦可。想螺蛳亦佳。

鶴鶉

以肉幢、醬油、酒漿生燒爲第一。次用酒漿頓，必須豬油、白糖、花椒、葱等。秋鳥、黄雀、麻雀諸鳥，皆同此法。

肉幢蛋

揀小雞子，煮半熟，打一眼，將黄倒出。以碎肉加料補之。蒸極老，和頭隨用。

捲煎

將蛋攤皮，以碎肉加料捲好，仍用蛋糊口。豬油、白糖、甜醬和燒。切片用。

皮蛋

鴨蛋一百個，用濃滚茶少少泡頃，再用柴灰一斗、石灰四兩、鹽二兩，和水拌匀，塗蛋上，暴日曬乾。再將礱糠拌，貯大罈内。過一月即可取供。久愈妙。

醃蛋

清明前，用真燒酒洗蛋，以飛鹽爲衣，上罈。過四五日，即翻轉。如此四五次。

月餘即可用。省灰而且易洗也。

糟鰣魚

内外洗净，切大塊。每魚一斤，用鹽半斤，以大石壓極實。以白酒洗淡，以老酒糟略糟四五日，不可見水。去舊糟，用上好酒糟，拌匀入罈。每罈面加麻油二鍾、火酒一鍾，泥封固。候二三月用。

淡煎鰣魚

切段，用些須鹽花、豬油煎。將熟，入酒漿，煮乾爲度。不必去鱗。糟油蘸，佳。

冷鱘魚

切骰子塊，煮熟。冬筍切塊，入酒漿，略加白糖。候冷用。暑天切片，麻油拌亦佳，必須蜇皮更妙。

黄　魚

治净，切小段，用甜白酒煮，略加醬油、胡椒、葱花。最鮮美。

風鯽

冬月覓大鯽魚，去腸，勿見水，拭乾。入碎肉。通身用綿紙裹好，挂有風無日處。過二三月取下，洗净，塗酒，令略軟。蒸熟，候冷，切片用，味最佳。

去骨鯽

大鮮鯽魚，清水煮熟，輕輕拆作五六塊，揀去大小骨。仍用原湯，澄清，加筍片、韭芽或菜心，略入酒漿、鹽煮用。

斑魚

揀不束腰者，束腰有毒。剥去皮雜，洗净。先將肺同木花入清水浸半日，與魚同煮。後以菜油盛碗内，放鍋中，任其沸湧，方不腥氣。臨起，或入嫩腐、筍邊、時菜，再搗鮮薑汁、酒漿和入，尤佳。

頓鰣魚

取鰣魚二斤許大一方塊，不必切開。入酒釀、醬油、香料、椒、鹽，燉極爛。味最佳。

魚肉膏

上好醃肉，煮爛切小塊，將魚亦碎切，仝煮極爛。和頭隨用。候冷切供，熱用亦可。

燉魴鮍

揀大者，治極浄，填碎肉在内，酒漿燉，加碎豬油，妙。

薰魚

鮮魚切段，醬油浸大半日。油煎，候冷上鐵篩，架鍋，以木屑薰乾，貯用。將好醋塗薰，尤妙。大小魚俱可。

薰馬鮫

醬半日，洗浄，切片，油煎。候冷，薰乾。入灰罈内，可留經月。

魚鬆

青魚切段，醬油浸大半日，取起。油煎。候冷，剥去皮骨，單取白肉，拆碎入鍋，慢火焙炒，不時挑撥，切勿停手，以成極碎絲爲度。總要鬆、細、白三件俱全爲妙。候冷，再細揀去芒刺絲骨，加入薑、椒末少許，收貯隨用。

蒸鮝

淡鮝十斤，去頭尾，切段，洗净。曬極乾，將燒酒拌過。白糯米五升燒飯。火酒二斤、豬油二斤，去膜切碎。花椒四兩，加紅麴少許，拌如薄粥樣。如乾，再加煮酒。用磁瓶，先放飯一層，次放魚一層，後再放前各料一層，裝入。瓶底、面各用飛鹽一撮。泥封好，俟一月後可用。

燕窩蟹

壯蟹肉剥净，拌燕窩，和芥辣用，佳。糟油亦可。

蟹腐放燕窩尤妙。蟹肉、豆豉炒，亦妙。

蟹醬

帶殼剁骰子塊，略拌鹽，頓滾，加酒漿、茴香末沖入。候冷，入麻油，略加椒末，半日即可用。酒、油須恰好爲妙。

蟹丸

將竹截斷，長寸許。剥蟹肉，和以薑末、蛋清，入竹蒸熟。取出，同湯放下。

蟹頓蛋

凡蟹頓蛋、肉，必沉下。須先將零星肉和蛋燉半碗，再將大蟹肉、黄脂另和蛋蓋面重頓，爲得法也。

黄甲

蒸熟，以薑、醋拌用。

又

以鯧、鱖魚、黄魚肉拆碎，以醃蛋黄和入薑、醋拌匀用，味比真黄甲更妙。

蝦元

暑天冷拌，必須切極碎地栗在内，鬆而且脆。若乾裝，以松仁、桃仁作餡，外用魚鬆爲衣，更佳。

鰒魚

清水洗，浸一日夜，以極嫩爲度。切薄片，入冬筍、韭芽、酒漿、豬油炒。或筍乾、醃苔心、苣、筍、麻油拌用，亦佳。

海參

浸軟，煮熟，切片。入醃菜、筍片、豬油炒用，佳。
或煮極爛，隔絹糟，切用。
或煮爛，芥辣拌用，亦妙。
切片入脚魚内，更妙。

魚翅

治净，煮。切不可單拆絲，須帶肉爲妙。亦不可太小。和頭雞、鴨隨用。湯宜清不宜濃，宜酒漿不宜醬油。

又

如法治净，拆絲。同肉、雞絲、酒釀、醬油拌用，佳。

淡　菜

冷水浸一日，去毛、沙丁，洗净。加肉絲、冬筍、酒漿煮用。同蝦肉、韭芽、豬油小炒，亦可。

蛤　蜊

酒釀糟糟用，亦妙。

劈開帶半殼，入酒漿、鹽花，略加醬油，醉三四日。小碟用，佳。

素肉丸

麵筋、香蕈、醬瓜、薑切末，和以砂仁，捲入腐皮，切小段。白麵調和，逐塊塗搽。入滾油内，令黄色，取用。

頓豆豉

上好豆豉一大盞，和以冬筍，切骰子大塊。并好腐乾，亦切骰子大塊。入酒漿，隔湯頓或煮。

素　鱉

以麵筋拆碎，代鱉肉，以珠栗煮熟，代鱉蛋，以墨水調真粉，代鱉裙，以元荽代蔥、蒜，燒炒用。

燻麵筋

好麵筋，切長條，熬熟。菜油沸過，入酒釀、醬油、茴香煮透。撈起，燻乾，裝瓶內，仍將原汁浸用。

生麵筋

買麩皮自做。中間填入裹餡、糖、醬、砂仁，炒煎用。

八寶醬

熬熟油，同甜醬入沙糖炒透。和冬筍及各色果仁，略加砂仁、醬瓜、薑末和匀，取起用。

乳腐

臘月做老豆腐一斗，切小方塊鹽醃，數日取起曬乾。用臘油洗去鹽并塵土，用花椒四兩，以生酒、臘酒釀相拌匀，箬泥封固。三月後可用。

十香瓜

生菜瓜十斤，切骰子塊，拌鹽，曬乾。水、白糖二斤，好醋二斤，煎滚。候冷，將瓜并薑絲三兩、刀豆小片二兩、花椒一兩、乾紫蘇一兩、去膜陳皮一兩同浸，上瓶。十日可用，經久不壞。

醉楊梅

揀大紫楊梅，同薄荷相間，貯瓶内。上放白糖。每楊梅一斤，用糖六兩、薄荷葉二兩，上澆真火酒，浮起爲度。封固。一月後可用，愈陳愈妙。

藝 文 叢 刊

第 二 輯

上架建議：文史 藝術
ISBN 978-7-5340-5107-4
9 787534 051074 >
定　　價：32.00 圓

藝文叢刊